めっちゃ、メカメカ！基本要素形状の設計

カタチを決めるには理屈がいるねん！

山田 学 著
Yamada Manabu

- わかりやすく
- やさしく
- やくにたつ

日刊工業新聞社

設計における詳細形状のよりどころ

　日々、CADに向かって製品の機能を保証できるよう部品の形状を設計している設計者ですが、全ての形状に対して根拠をもって設計できているわけではないと思います。

　例えば、面取りの大きさに対して「C面取り形状にしようか」「テーパ面取り形状にしようか」と悩んだり、角隅の丸み、逃がし形状とそのサイズに対して「何となく、雰囲気で…」「先輩の描いた形状をコピペして…」「昔の部品の寸法をノギスで測って真似して…」など、かなりいい加減に形状を決めている場面も多いかと思います。

　デザインレビュー（設計審査）や不具合発生時の会議の中で、次のような質問が飛んでくるときがあります。

　「この形状の根拠はなんでや？」。

　「このサイズは、どうやって決めたんや？」

　詳細形状について、"揚げ足をとる"ような質問をされても戸惑うばかりです。

　「いや〜…根拠と言われても…」ヾ(〃°▽°)ノアセアセ

　本来、設計者が作り出す部品の形状の成り立ちは、全て理屈で説明できるはずです。

　ところが、短い納期を守るという必達目標があることで、いちいち詳細形状の理屈まで考えて設計できる余裕がないのが現実です。

　それどころか、「なんで、そんな細かいところに理由がいるねん！」と開き直る設計者もいることでしょう。

　不具合さえ発生しなければ、その理由を問われることは少ない、いわゆる影の存在なのに、不具合が発生した途端、スポットライトを浴びて表舞台に引き出されるのが、詳細形状です。そう、その形状の説明責任を問われるのです…

　なにか、政治の世界に似ていますね((+_+))

皆さんは、「リコール10倍の陥穽（かんせい）」という言葉を聞いたことがありますか？陥穽とは、"落とし穴"や"わな"という意味です。

「開発段階なら1万円で解決できた不具合が、設計が終わった後に発見されれば10万円、生産に入った後には100万円、発売後には1000万円の対策費用が必要。」というものです。

つまり、開発の上流工程ほど不具合を解決する費用が少なくて済み、工程が後になるほど10倍ずつ不具合対策費用（企業の損失）が増えることを意味します。

これは、コストダウン活動についても同様で、開発段階では図面を修正するだけで対応できたものが、後工程になるほど確認評価をしたり客先の承認を得たりするなど雑務が増え、コストダウン活動自体が大変な労力と費用を必要とするのです。

設計をしていると必ず負のスパイラルに陥るのが、安全性や環境性、信頼性、コストとの関係です。どれを優先するかで設計形状や材質、加工方法が変わり、コストに大きな影響を与えます。

　安全性……事故や災害を起こすリスクに対して、許容できる状態にある
　環境性……有害物質の不採用、温室効果ガスの低減、省エネルギー化に努める
　信頼性……与えられた条件の下で、安定して要求機能を満足する
　コスト……人件費や材料代など開発のプロセスに関わる一切の費用

上司にどれを優先するか確認すると必ず「全部や！」と答えが返ってきます。
しかし、"安全設計を怠った装置"は、いずれ人や財産に損害を与える事故を起こします。
設計の優先事項は、安全設計であることを肝に銘じておきましょう！

JIS（日本工業規格という国家規格）には、部品の詳細形状を規定した規格がたくさん存在します。形状の根拠として、これらの情報を知ったうえで設計するとよいものができるはずです。

　詳細形状をどうすればよいのかよくわからずに悩んでいる時間があれば、まずはJISを探してヒントになる情報がないか確認してみましょう。

　本書で活用した詳細形状を設計する際に役立ちそうな規格を列記します。

規格番号	規格名称	参考にするとよい情報	本書での場所
JIS B 0405	普通公差	公差を指定しない場合の部品のばらつき	第1章 第4章
JIS B 0408	金属プレス加工品の普通寸法公差	公差を指定しない場合の部品のばらつき	第7章 第8章
JIS B 0701	切削加工品の面取り及び丸み	切削加工品の45°面取りや丸みのサイズ	第2章
JIS B 0901	軸の直径	円筒軸のはめあい部分の直径	第1章
JIS B 0903	円筒軸端	円筒軸端の段差からの長さや面取りサイズ、キー溝サイズ	第1章 第2章
JIS B 0904	テーパ比1:10円すい軸端	テーパ比1:10の円すい軸のサイズ	第3章
JIS B 1001	ボルト穴径及びざぐり径	ボルトや小ねじに対する隙間穴の直径サイズとざぐり径サイズ	第6章
JIS B 1002	二面幅の寸法	スパナなどに適用する二面幅のサイズ	第2章
JIS B 1006	一般用メートルねじをもつおねじ部品の不完全ねじ部長さ	不完全ねじ部の長さや逃げ溝のサイズ	第2章
JIS B 1011	センター穴	センター穴の形状とサイズ	第2章
JIS B 1017	皿頭ねじ用皿穴の形状	皿ざぐり径の参考	第6章
JIS B 1101	すりわり付き小ねじ	ねじサイズに対するマイナスドライバー用二面幅の溝サイズ	第2章
JIS B 1168	アイボルト	アイボルトのサイズ	第6章
JIS B 1176	六角穴付きボルト	ざぐり径の参考	第6章
JIS B 1180	六角ボルト	ざぐり径の参考	第6章
JIS B 1181	六角ナット	めねじの有効長さの参考	第2章

規格番号	規格名称	参考にするとよい情報	本書での場所
JIS B 1188	座金組込み十字穴付き小ねじ	板金の穴のサイズの参考	第7章
JIS B 1195	溶接ボルト	溶接ボルト用の下穴のサイズ	第7章
JIS B 1196	溶接ナット	溶接ナット用の下穴のサイズ	第7章
JIS B 1251	ばね座金	ざぐり径の参考	第6章
JIS B 1256	平座金	ざぐり径の参考	第6章
JIS B 1301	キー及びキー溝	軸直径に対する軸用と穴用のキー溝のサイズ	第2章
JIS B 1351	割りピン	割りピンに適用するボルトサイズと穴のサイズ	第3章
JIS B 1354	平行ピン	平行ピンを挿入する穴のサイズ	第3章 第6章
JIS B 1355	ダウエルピン	ダウエルピンを挿入する穴のサイズ	第6章
JIS B 1360	スナップピン	スナップピンを挿入する穴のサイズ	第3章
JIS B 1521	転がり軸受-深溝玉軸受	段差のある軸の隅の丸みサイズ	第1章 第2章
JIS B 2220	鋼製管フランジ	フランジの形状とサイズ	第5章
JIS B 2239	鋳鉄製管フランジ	フランジの形状とサイズ	第5章
JIS B 2241	アルミ合金製管フランジ	フランジの形状とサイズ	第5章
JIS B 2401-1	Oリング	Oリングのサイズ	第3章
JIS B 2401-2	Oリング：ハウジングの形状・寸法	Oリング溝のサイズ	第3章
JIS B 2704	コイルばね	フックの形状	第9章
JIS B 2804	止め輪	止め輪溝のサイズ	第2章 第3章
JIS B 2808	スプリングピン	スプリングピン用の穴のサイズ	第3章
JIS B 4211	ストレート刃エンドミル	溝幅のサイズ、隅の丸みのサイズ	第5章 第6章

規格番号	規格名称	参考にするとよい情報	本書での場所
JIS B 4301	ストレートシャンクドリル	穴径と穴深さ	第6章
JIS B 4305	ストレートシャンクロングドリル	穴径と穴深さ	第6章
JIS B 4609	ねじ回し―すりわり付きねじ用	すり割り幅のサイズの参考	第2章
JIS B 4630	スパナ	二面幅のサイズ公差	第2章
JIS G 3108	みがき棒鋼用一般鋼材	みがき棒鋼用一般鋼材のサイズ許容差の確認	第1章
JIS G 3141	冷間圧延鋼板及び鋼帯	薄板の素材サイズ	第7章
JIS G 3191	熱間圧延棒鋼の形状,寸法	棒鋼の素材サイズ	第1章
JIS G 3193	一般構造用圧延鋼材	棒鋼の素材サイズ	第4章
JIS G 3444	一般構造用炭素鋼管	一般構造用炭素鋼管の素材サイズ	第9章
JIS G 3452	配管用炭素鋼鋼管	配管用炭素鋼鋼管の素材サイズ	第9章
JIS G 3459	配管用ステンレス鋼鋼管	配管用ステンレス鋼管の素材サイズ	第9章
JIS G 3521	硬鋼線	円形断面のコイル形状製作の際の線径サイズ	第9章
JIS G 3522	ピアノ線	円形断面のコイルばねの線径サイズ	第9章
JIS G 4051	機械構造用炭素鋼鋼材	機械構造用炭素鋼鋼材の素材	第1章 第4章
JIS G 4303	ステンレス鋼棒	ステンレス鋼棒の素材サイズ	第1章
JIS G 4304	熱間圧延ステンレス鋼板及び鋼帯	熱間圧延ステンレス鋼板の素材サイズ	第4章
JIS H 4040	アルミニウム及びアルミニウム合金の棒及び線	アルミニウム及びアルミニウム合金の棒及び線の素材サイズ	第1章
JIS H 3250	銅及び銅合金の棒	銅及び銅合金の棒の素材サイズ	第1章
JIS H 3300	銅及び銅合金継目無管	銅及び銅合金継目無管の素材サイズ	第9章
JIS Z 8601	標準数	形状サイズを決める際の根拠の一つとなる	第1章

私は職業柄、さまざまな企業の図面を見ることが多いのですが、下記のように感じる図面に時折出くわします。

「この形状はOリング用の溝に見えるけど、サイズ公差がないし、形状そのものも違和感があるなぁ…」

もし、それがOリング溝であったとしても、加工業者がそれを理解して、Oリング溝に適するように加工してくれているのか、あるいはJIS規格とは違った形状で機能を満足させているのかもしれません。

しかし、知識なしに間違った形状で図面を描いていたとすると、若い世代の設計者がそれを真似し、いずれ品質問題につながることになるでしょう。

実際のところ、全ての形状を理詰めで形状を設計できるエンジニアはほとんどいないのかもしれません。

本書では、普段は注目されることのない詳細形状について、JISの規格などを参照し、加工性やコストの情報も加えて、少しでも根拠のある形状を設計できるように情報をまとめました。

読者の皆様からのご意見や問題点のフィードバックなど、ホームページを通して紹介し、情報の共有化やサポートができ、少しでも良いものにしたいと念じております。

「Lab notes by 六自由度」
書籍サポートページ
http://www.labnotes.jp/

最後に、本書の執筆にあたり、日刊工業新聞社出版局の担当者にお礼を申し上げます。

2018年4月　　　　　　　　　　　　　　　　　　　山田 学

目次 CONTENTS

設計における詳細形状のよりどころ ……………………………………………… i

第1章 円筒軸の基本形状要素 〜軸の直径サイズの決め方・考え方〜 …………… 1

- 1-1 軸の直径サイズの決め方・考え方 ……………………………………… 2
- 1-2 軸の直径サイズと強度との関係 ………………………………………… 7
- 1-3 サイズ公差を指定する軸の設計 ………………………………………… 13
- 1-4 軸受などと組み合わせる軸の設計 ……………………………………… 18

第2章 円筒軸の基本形状要素 〜軸の端部形状を設計する〜 ………………………… 27

- 2-1 円筒軸端の形状の種類 …………………………………………………… 28
- 2-2 面取り形状の設計 ………………………………………………………… 30
- 2-3 段差部の隅の形状の設計 ………………………………………………… 35
- 2-4 ねじ形状の設計 …………………………………………………………… 42
- 2-5 二面幅形状の設計 ………………………………………………………… 47
- 2-6 キー溝形状の設計 ………………………………………………………… 54
- 2-7 センター穴の有無 ………………………………………………………… 58

第3章 円筒軸の基本形状要素 〜軸のその他形状を設計する〜 …………………… 61

- 3-1 軸のその他機能形状の種類 ……………………………………………… 62
- 3-2 テーパー形状の設計 ……………………………………………………… 63
- 3-3 円筒溝形状の設計 ………………………………………………………… 65
- 3-4 軸直角の穴やねじ形状の設計 …………………………………………… 73

第4章 多面体の基本形状要素 〜基本サイズの決め方・考え方〜 …………………… 85

- 4-1 鋼材のサイズ ……………………………………………………………… 86
- 4-2 角材サイズの決め方・考え方 …………………………………………… 88
- 4-3 角材のサイズと強度との関係 …………………………………………… 91

第5章 多面体の基本形状要素 ～外郭形状を設計する～ ... 99

- 5-1 平面形状の設計 ... 100
- 5-2 取り付け用フランジ形状の設計 ... 105
- 5-3 角の面取り、角の丸みの設計 ... 114
- 5-4 隅の丸みの設計 ... 119

第6章 多面体の基本形状要素 ～機能形状を設計する～ ... 127

- 6-1 取り付け用穴やねじ穴の設計 ... 128
- 6-2 機能を持った穴の設計 ... 145
- 6-3 精密な位置決め形状の設計 ... 152
- 6-4 角穴形状の設計 ... 156

第7章 板金プレス品の基本形状要素 ～材質と抜き形状の決め方・考え方～ ... 167

- 7-1 板厚と基本形状の考え方 ... 168
- 7-2 板金の抜き形状の設計 ... 173

第8章 板金プレス品の基本形状要素 ～曲げ、位置決め、接合の形状設計～ ... 193

- 8-1 板金の曲げ形状の設計 ... 194
- 8-2 板金の位置決め形状の設計 ... 210
- 8-3 板金の接合形状の設計 ... 216

第9章 その他部品の基本形状要素 ～ばねと歯車、パイプの形状設計～ ... 225

- 9-1 コイルばねの形状設計 ... 226
- 9-2 歯車の形状設計 ... 250
- 9-3 パイプ形状部品の形状設計 ... 256

無駄のない部品形状は"美しくセクシー!"である ... 261

第1章

円筒軸の基本形状要素
～軸の直径サイズの決め方・考え方～

なんで丸い軸で設計する方がええんか、わからへん！

(ノ≧o≦)ノ ┤ﾟ・∵。

軸は多面体のブロックより加工しやすいため、安価で精度も出しやすく、機械設計の基本要素としてよく利用されるのです。

(*￣∀￣)"b" チッチッチッ

1-1	軸の直径サイズの決め方
1-2	軸の直径サイズと強度との関係
1-3	サイズ公差を指定する軸の設計
1-4	軸受などと組み合わせる軸の設計

第1章 1 軸の直径サイズの決め方

形状を設計する際の基本は、円筒形状です。

円筒形状は、一般的に旋盤（せんばん）という加工機械によって切削します。旋盤で円筒形状を切削加工する場合、円周面と両端面の3面の加工で済みます。

それに対して多面体形状（例えば、四角いブロック）は、フライス盤という加工機械で切削します。フライス盤で四角いブロック形状を切削加工する場合、6面の加工が必要で旋盤加工に比べると段取りが増えコスト高になるため、形状設計の優先度は低くなります（図1-1）。

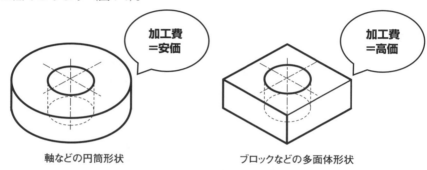

図1-1　設計形状の基本的な考え

軸の直径サイズは、自社が標準的に使用する材料素材の直径を把握するところから始めなければいけません。

自社の"材料標準"が設定されている場合、その標準に推奨する軸径が指定されていることもあり、納期やコストを満足させやすくなります（図1-2）。

図1-2　円筒形状の素材

1）軸の直径サイズの決め方

　直径サイズの選択にも根拠が必要です。そこで、"標準数"を利用することができます。標準数とは、10 の正または負の"整数ベキ"を含み、公比がそれぞれ $\sqrt[5]{10}$、$\sqrt[10]{10}$、$\sqrt[20]{10}$、$\sqrt[40]{10}$ および $\sqrt[80]{10}$ である等比数列の各項の値を実用上便利な数値に整理したものです。

　これらの数列をそれぞれR5、R10、R20、R40、R80の記号で表し、このうちR5、R10、R20、R40を基本数列と呼び、一般的にR5を優先にR10→R20→R40の順に選択します。

　標準数は、JIS Z 8601に規定されています（**表1-1**）。

表1-1　JISが規定する標準数

R5	1.00							
R10	1.00				1.25			
R20	1.00		1.12		1.25		1.40	
R40	1.00	1.06	1.12	1.18	1.25	1.32	1.40	1.50

R5	1.60							
R10	1.60				2.00			
R20	1.60		1.80		2.00		2.24	
R40	1.60	1.70	1.80	1.90	2.00	2.12	2.24	2.36

R5	2.50							
R10	2.50				3.15			
R20	2.50		2.80		3.15		3.55	
R40	2.50	2.65	2.80	3.00	3.15	3.35	3.55	3.75

R5	4.00							
R10	4.00				5.00			
R20	4.00		4.50		5.00		5.60	
R40	4.00	4.25	4.50	4.75	5.00	5.30	5.60	6.00

R5	6.30							
R10	6.30				8.00			
R20	6.30		7.10		8.00		9.00	
R40	6.30	6.70	7.10	7.50	8.00	8.50	9.00	9.50

"はめあい部分"に用いる軸の直径は、JIS B 0901 に規定されています（**表1-2**）。

この規格に示される転がり軸受は JIS B 1521、円筒軸端は JIS B 0903、標準数は JIS Z 8601 を参考にしたものです。設計用途に合わせて、表のいずれかの直径を選択するとよいでしょう。

表1-2　JISが規定する軸の直径のよりどころ＜抜粋＞

軸径		4	4.5	5	5.6	6	6.3	7	7.1	8	9
転がり軸受		○		○		○		○		○	○
円筒軸端						○		○		○	○
標準数	R5	○					○				
	R10	○		○			○			○	
	R20	○	○	○	○		○		○	○	○

軸径		10	11	11.2	12	12.5	14	15	16	17	18
転がり軸受		○			○			○		○	
円筒軸端		○	○		○		○		○		○
標準数	R5	○							○		
	R10	○				○			○		
	R20	○		○		○	○		○		○

軸径		19	20	22	22.4	24	25	28	30	31.5	32
転がり軸受			○	○			○	○	○		○
円筒軸端		○	○	○		○	○	○	○		○
標準数	R5						○				
	R10		○				○		○		
	R20		○	○			○	○	○		

軸径		35	35.5	38	40	42	45	48	50	55	56
転がり軸受		○			○		○		○	○	
円筒軸端		○		○	○	○	○	○	○	○	○
標準数	R5				○						
	R10				○				○		
	R20		○		○		○		○		○

軸径	60	63	65	70	71	75	80	85	90	95
転がり軸受	○		○	○		○	○	○	○	○
円筒軸端	○	○	○	○	○	○	○	○	○	○
標準数 R5			○							
標準数 R10			○				○			
標準数 R20			○		○		○		○	

軸径	100	105	110	112	120	125	130	140	150	160
転がり軸受	○	○	○		○		○	○	○	○
円筒軸端	○		○		○	○	○	○	○	○
標準数 R5	○									○
標準数 R10	○					○				○
標準数 R20	○			○		○		○		○

φ(@°▽°@)　メモメモ

$\sqrt[5]{10}$（10の5乗根、あるいは10の1/5乗）

　10の5乗根とは、5回掛け合わすと10になる数値のことです。
　電卓で計算すると、
$\sqrt[5]{10} \fallingdotseq 1.58$　……約（1.6）
1.58×1.58＝2.50　……約（1.6×1.6＝2.5）
1.58×1.58×1.58＝3.94　……約（1.6×1.6×1.6＝4.0）
1.58×1.58×1.58×1.58＝6.23　……約（1.6×1.6×1.6×1.6＝6.3）
1.58×1.58×1.58×1.58×1.58＝9.85　……約（1.6×1.6×1.6×1.6×1.6＝10）

　つまり、1を基準とすると、次のように一定の倍率で変化する等比数列になっているのです。
「1.0→（×1.6）→1.6→（×1.6）→2.5→（×1.6）→4.0→（×1.6）→6.3」

2）切削加工の普通許容差

円筒軸の加工とは、旋盤などで直径や長さを切削加工することです。

個々に公差指示のないサイズ寸法に適用するものを"普通許容差（一般公差、普通公差とも呼ぶ）"といいます。

除去加工における長さの普通許容差は、JIS B 0405に規定されています（**表1-3**）。

「これらの公差は、金属以外の材料に適用してもよい」とJISで規定されています。

表1-3　JISが規定する円筒軸の直径と長さの普通許容差

サイズの区分	f：精級 (Fine)	m：中級 (Middle)	c：粗級 (Coarse)	v：極粗級 (Very coarse)
0.5以上3以下	±0.05	±0.1	±0.2	-
3を超え6以下	±0.05	±0.1	±0.3	±0.5
6を超え30以下	±0.1	±0.2	±0.5	±1
30を超え120以下	±0.15	±0.3	±0.8	±1.5
120を超え400以下	±0.2	±0.5	±1.2	±2.5
400を超え1000以下	±0.3	±0.8	±2	±4
1000を超え2000以下	±0.5	±1.2	±3	±6
2000を超え4000以下	-	±2	±4	±8

※この表は、表4-5の角材の切削加工の普通許容差と同じです。

例えば、普通許容差m（エム）級を適用する企業の場合、次に示す円筒軸の長さは図示サイズに対して±0.3のばらつきを許容することになります（**図1-3**）。

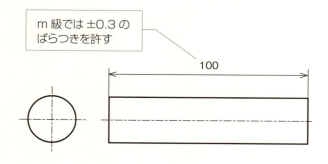

図1-3　円筒軸を切削加工した場合の普通許容差

第1章 2 軸の直径サイズと強度との関係

物体が引張りや圧縮、せん断の外力（荷重）を受けると、それに抵抗する力が発生します。**この抵抗する力を応力と呼び、応力が大きくなるほど材料にストレスがかかり、変形や破損のリスクが高くなります。**

①引張り応力、圧縮応力、せん断応力

引張り・圧縮応力とは、角材や円筒軸の軸線方向に力を加えたときに生じる応力をいい、せん断応力とは、角材や円筒軸の軸直角方向にずれる力を与えたときに生じる応力のことです（図1-4）。

P：外力の大きさ(N：ニュートン)　A：断面積(mm²：平方ミリメートル)

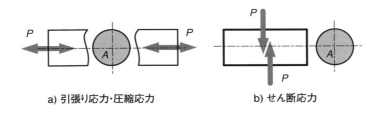

a) 引張り応力・圧縮応力　　　b) せん断応力

図1-4　外力により生じる応力

単位面積当たりの引張り、または圧縮応力は σ（シグマ）で示し、次式で表されます。

$$\sigma = \frac{P}{A}$$ (N/mm²：ニュートン　パー　平方ミリメートル)

単位面積当たりのせん断応力は τ（タウ）で示し、次式で表されます。

$$\tau = \frac{P}{A}$$ (N/mm²：ニュートン　パー　平方ミリメートル)

設計のPoint of view……直径と引張り・圧縮強度、せん断強度の関係

同じ荷重を受けても断面積が大きいほど、応力（抵抗する力）は少なくて済むことがわかります。つまり、軸径が大きくなるのに比例して引張りや圧縮、せん断に強い軸になるのです。

φ(@°▽°@) メモメモ

荷重と質量と重量の違い

　強度を計算する際に出てくる"荷重"の概念について注意しなければいけません。荷重は「力による荷重」と、「重りによる荷重」に大別され、どちらも単位はN（ニュートン）を用います。
　このときに注意しなければいけないのが、重りによる荷重のうち、"質量のkg（キログラム）"と"重量の（N）"を混同してしまうことです。
ここでは質量の単位「kg」と重量の単位「N」の違いを理解しましょう。

・質量「kg」とは
　場所によって変化することのない物質の量をいいます。
　皆さんが重さを測る際に秤（はかり）に乗せます。その時に、例えば"10 kg"と数値が出ますが、この値は重力を無視するように補正されているため、質量が表示されます。
　したがって、地球で使っている秤を月に持って行くと、月の引力は地球の1/6であることから補正が合わず、秤は「10÷6=1.67 kg」と表示されます。

・重量「N」とは
　物質に働く重力の大きさをいい、地球上の物質は質量に対して地球の引力の影響を受けています。
　物質は地球の引力に引かれて落下するのですが、その時の加速度を"重力加速度"といい、$g = 9.8 m/s^2$ で表されます。したがって、質量10 kgの物質には重力加速度がかかるため、次のように計算できます。
　重量＝10（kg）×9.8（m/s^2）＝98（$kg・m/s^2$）＝98（N：ニュートン）

　SI単位（国際単位）において、重量の単位は、N（ニュートン）を使い、重量や力の単位として使われます。
　例えば、台に"質量"10 kgの重りを乗せた時を考えます。重りの"重量＝荷重"は98 Nとなるのです。

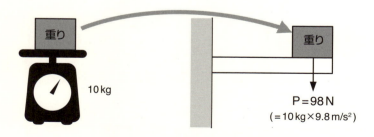

②曲げ応力（圧縮・引張り応力の組み合わせ）
　曲げ応力とは、角材や円筒軸、板などに曲げ力を加えたときに発生する応力のことです。曲げによって、凸側に引張り（伸び）が生じ、凹側に圧縮（縮み）が生じます。

　片持ちばり（一端を固定し、他端を自由にした柱状の部材）の自由端に外力Pをかけると、このはりにかかるモーメント（物体を回転させる力）Mは固定端で最大となり、次式で表されます（**図1-5**）。

M：モーメント(N·mm)　　P：外力の大きさ(N)　　L：作用点までの距離(mm)

$$M = P \times L \quad (\text{N·mm：ニュートン　ミリメートル})$$

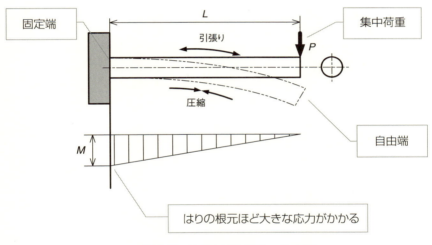

図1-5　片持ちばりのモーメント図

　片持ちばりで固定端側の根元に生じる応力σ（シグマ）は、次式で表されます。

σ：はりの根元にかかる応力　　M：モーメント　　Z：断面係数

$$\sigma = \frac{M}{Z} \quad (\text{N}/\text{mm}^2)$$

設計のPoint of view……片持ちばりの特徴
　上記のような片持ちばりでは固定側に応力が集中するため、先端の形状は強度的に重要性を持ちにくいことが理解できると思います。つまり、軽量化や減肉するには、先端部の方が安全ということです。

断面係数とは、断面形状による剛性（変形のしやすさの度合い）の程度をいい、曲がりにくさを決める要素をいいます。

断面係数は形状やその向きによって変化するため、断面係数をうまく使いこなすことが強度設計に求められます。

基本的な円筒形状の断面係数の一例を示します（**表1-4**）。

表1-4　基本的な円筒形状の断面係数の一例

断面形状	断面係数Z	断面形状	断面係数Z
(円)	$\dfrac{\pi}{32}D^3$	(中空円)	$\dfrac{\pi}{32D}(D^4-d^4)$

円筒軸の断面係数は次式で表され、荷重の方向は問わず、外径サイズに依存することがわかります（**図1-6**）。

Z：断面係数(mm³)　π：円周率　D：軸の外径(mm)　d：穴の径(mm)

$$Z=\frac{\pi}{32}D^3 \quad (\text{mm}^3：立方ミリメートル)$$

$$Z=\frac{\pi}{32D}(D^4-d^4) \quad (\text{mm}^3)$$

どの荷重方向でも条件は同じ

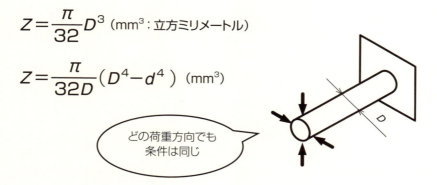

図1-6　円筒軸が受ける荷重の方向

設計のPoint of view……直径と曲げ強度の関係

円筒軸の場合、外径の直径が大きくなるほど断面係数Zは大きくなり、曲がりにくい軸になります。

円筒軸は断面形状が円形であるため、荷重の向きが強度や剛性に影響を与えません。したがって、方向不定荷重がかかる部品に適します。

③ねじり応力（せん断応力の一種）

　ねじり応力とは、ある指定のトルクを受ける材料に生じるせん断応力のことをいいます。

　円筒軸にねじりを加えると、円周上の点BはB'に移動します。このときのB-O'-B'のなす角φ（ファイ）をねじれ角と呼びます。線ABと線AB'のなす角γ（ガンマ）をせん断ひずみと呼びます（**図1-7**）。

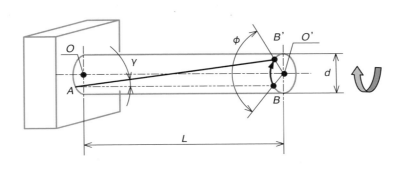

図1-7　ねじれによる変形

　ねじり荷重を断面で均等に受ける円筒形状の場合、断面上に生じるせん断応力は、中心をゼロとして、その表面で最大となる直線分布になります（**図1-8**）。

　つまり、強度的に外表面が重要で、中心付近は重要でないことがわかります。

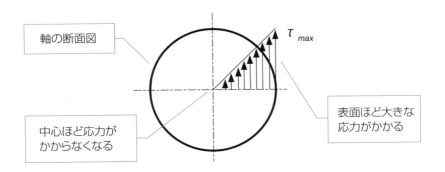

図1-8　円筒軸のせん断応力の分布

円筒軸にねじりを加えた場合に生じる応力τは、次式で表されます。

τ：せん断応力(N/mm²)　　T：軸に与えるトルク(N·mm)　　d：円筒軸の直径(mm)

$$\tau = \frac{16T}{\pi d^3} \quad (\text{N/mm}^2)$$

設計のPoint of view……中実軸と中空軸の差

　ねじり応力は、表面ほど応力が高く、中心部ほど応力は低くなるため、中空形状に変更しても大きく強度に影響しません。したがって、軽量化するには直径サイズを小さくするより、中空化する方が効果的ということです。
　スポーツカーのスタビライザー（カーブで車が傾くことを抑えるパーツ）は、直径を太くしてねじり剛性を上げた分、中空にして軽量化を図っています。
　ただし、同じ直径の場合の相対強度は、中実軸＞中空軸となりますので、勘違いしないようにしてください。

中空軸は直径サイズを大きくしても重量が増えにくいので、軽量化を求めつつ強度が必要な場合は、直径の大きい中空材を使うのが効果的なんですね！

曲げとねじりには、中空形状が軽量化に貢献はできるけど、単純な引張り・圧縮、せん断では中空軸は断面積が減る分、強度は不利になるから注意せなあかんで！

| 第1章 | 3 | サイズ公差を指定する軸の設計 |

軸は軸受（ベアリング）や歯車などを挿入したり、穴に挿入したりすることが多いため、軸の直径にサイズ公差を指定することが一般的です。このとき、段付き軸と段差のない直軸では、サイズや公差の考え方が異なります（**図1-9**）。

そのため、素材の直径サイズを把握しておくとよいでしょう。

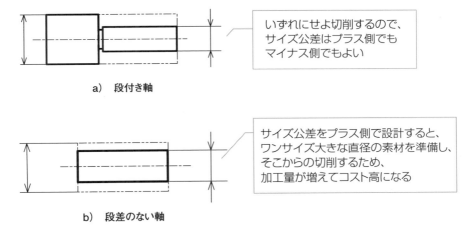

図1-9 サイズ公差のある軸の素材径の考慮

JISで規定されている中で、代表的な棒鋼の標準素材サイズを示します。

一般構造用圧延鋼の棒鋼の標準素材サイズは、JIS G 3191に規定されています（**表1-5**）。

表1-5 JISが規定する一般構造用圧延鋼材の素材状態の棒鋼のサイズ＜抜粋＞

| 丸鋼（径）
（バーンインコイル*を含む） | SS400
など | 5.5 6 7 8 9 10 11 12 13 (14) 16 (18) 19 20 22 24
25 (27) 28 30 32 (33) 36 38 (39) 42 (45) 46 48 50
(52) 55 (56) 60 64 65 (68) 70 75 80 85 90 95 100
110 120 130 140 150 160 180 200 |

括弧付き以外の標準寸法の適用が望ましい
*バーンインコイルとは、コイル状に巻かれた棒鋼をいう

機械構造用炭素鋼材の熱間圧延棒鋼及び線材のサイズは、JIS G 4051に規定されています（**表1-6**）。

表1-6　JISが規定する機械構造用炭素鋼材の素材サイズ

丸鋼(径)	S25C S45C など	(10) 11 (12) 13 (14) (15) 16 (17) (18) 19 (20) 22 (24) 25 (26) 28 30 32 34 36 38 40 42 44 46 48 50 55 60 65 70 75 80 85 90 95 100 (105) 110 (115) 120 130 140 150 160 (170) 180 (190) 200
線材(径)		5.5 6 7 8 9 9.5 (10) 11 (12) 13 (14) (15) 16 (17) (18) 19 (20) 22 (24) 25 (26) 28 30 32 34 36 38 40 42 44 46 48 50
角鋼 (対辺距離)		40 45 50 55 60 65 70 75 80 85 90 95 100 (105) 110 (115) 120 130 140 150 160 180 200
六角鋼 (対辺距離)		(12) 13 14 17 19 22 24 27 30 32 36 41 46 50 55 60 63 67 71 (75) (77) (81)

括弧付き以外の標準寸法の適用が望ましい

ステンレス鋼材の熱間圧延棒鋼及び六角鋼のサイズは、JIS G 4303に規定されています（**表1-7**）。

表1-7　JISが規定するステンレス鋼材の素材サイズ

丸鋼(径)	SUS303 SUS304 など	9 10 11 12 13 14 15 16 17 18 19 20 22 24 25 26 28 30 32 34 35 36 38 40 42 44 45 46 48 50 55 60 65 70 75 80 85 90 95 100 110 120 130 140 150 160 170 180 190 200
六角鋼 (対辺距離)		12 14 17 19 21 23 24 26 27 29 32 35 38 41 46

アルミニウム合金の棒及び線は、JIS H 4040に規定されています。
　本規格では、素材サイズは8mm〜350mmまでを分類してサイズの許容差が掲載されているだけのため、標準的な素材サイズの規定はありません。
　したがって、標準的な直径サイズを知りたい場合はメーカーや代理店に問い合わせるとよいでしょう。

銅合金の棒は、JIS H 3250に規定されています。
　本規格では、素材サイズは1mm〜50mmまでと、50mm超を分類してサイズの許容差が掲載されているだけのため、標準的な素材サイズの規定はありません。
　したがって、標準的な直径サイズを知りたい場合はメーカーや代理店に問い合わせるとよいでしょう。

設計の Point of view……外径にサイズ公差のある軸の材質選定

　軸の直径のサイズ公差を決める場合、穴との挿入性を考えて図示サイズに対してマイナス公差（小さめ）で設計する状況が多いと思います。このとき表面粗さ記号を用いて切削を促す図面を作成することは、無用にコストを上げることになるため、あらかじめ、マイナス公差で仕上がっている"みがき棒鋼"の採用を検討すべきです（表1-8、1-9）。

表1-8　JISが規定するみがき棒鋼の種類

JISコード	適用材料	材料記号例
JIS G 3108	みがき棒鋼用一般鋼材	SGD B
JIS G 3123	炭素鋼みがき棒鋼	SGD400
JIS G 4051	機械構造用炭素鋼鋼材	S45C
JIS G 4804	硫黄及び硫黄複合快削鋼鋼材	SUM22
JIS G 4052	焼入性を保証した構造用鋼鋼材（H鋼）	SCM440H
JIS G 4102	ニッケルクロム鋼鋼材	SNC415
JIS G 4103	ニッケルクロムモリブデン鋼鋼材	SNCM415
JIS G 4104	クロム鋼鋼材	Scr420
JIS G 4105	クロムモリブデン鋼鋼材	SCM420
JIS G 4106	機械構造用マンガン鋼鋼材及びマンガンクロム鋼鋼材	SMn420
JIS G 4202	アルミニウムクロムモリブデン 鋼鋼材	SACM645

※JISにはないが、ステンレス鋼（SUS303やSUS304など）の みがき棒鋼も存在する

表1-9　JISが規定するみがき棒鋼の許容差

加工方法	研削	冷間引抜き	切削
材料記号の末尾に付ける記号	-G	-D	-T
許容差の等級	6級(h6) 7級(h7) 8級(h8) 9級(h9)	8級(h8) 9級(h9) 10級(h10)	11級(h11) 12級(h12) 13級(h13)

φ(@°▽°@)　メモメモ

みがき棒鋼

　棒鋼やコイルを素材とし、ダイスを通す引抜加工や旋削加工、研削加工した寸法精度の高い素材で、加工工数削減を目的として利用されます。
　材質記号は、次のように表記します。
　　例）　SGD400-D9（直径の公差クラスがh9の引抜加工した炭素鋼みがき棒鋼）

みがき棒鋼は、材料メーカーから納品される時点でサイズ公差を満足しているため、表面はすでにきれいな状態に仕上がっています。したがって、外径を改めて切削する必要はありません。

このようなときに、図面上で「除去加工しない」記号を指示します（図1-10）。

図1-10　除去加工しない表面粗さ記号

一般棒鋼とみがき棒鋼の図面指示において、表面粗さ記号の違いを知りましょう（図1-11）。

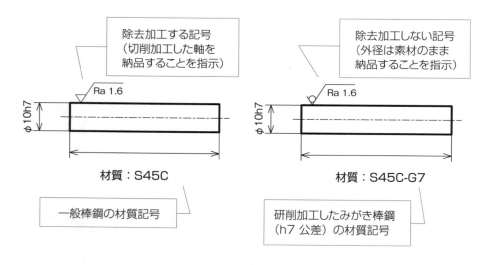

図1-11　一般棒鋼とみがき棒鋼の表面粗さ指示の違い

サイズ公差の厳しい部分を無駄に長く設計すると、部品単価のコストアップに加え、組立時間がかかることで組立コストもアップする場合があります。

そのため、サイズ公差の厳しい部分を必要最小限にするように形状を工夫しましょう（**図1-12**）。

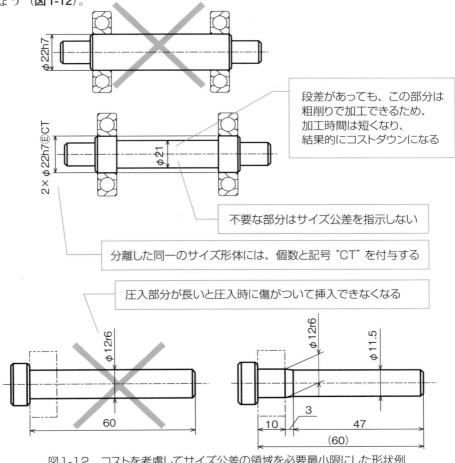

図1-12　コストを考慮してサイズ公差の領域を必要最小限にした形状例

φ(@°▽°@)　メモメモ

記号　CT（Common feature of size Tolerance）

　JIS B 0420-1：2016 の規約の中で、複数のサイズ形体を包括した1つのサイズ形体としてみなして適用する場合、"形体の数×"をサイズの前に記入し、サイズの後ろに文字記号"CT"を記入します。　この記号は、分断された共通の包括面を意味するため、Ⓔや、Ⓖ Ⓧ、Ⓖ Ⓝなどとセットで使用します。

第1章　円筒軸の基本形状要素～軸の直径サイズの決め方・考え方～

第1章 4 軸受などと組み合わせる軸の設計

1）軸受の支持

回転する軸を支持するには、一般的に軸受（ベアリング）を用います。軸受とは回転時の摩擦をできるだけ小さくするための機械要素部品です。

軸受には、転がり軸受（ボールベアリングや円筒ころベアリングなど）や滑り軸受（ブッシュなど）があります。

・ボールベアリング（玉軸受）

ボールベアリングとは、外輪と内輪の間にボールを挿入し、ボールの転がり運動によって摩擦を減らし、スムーズな回転を得るものです（図1-13）。

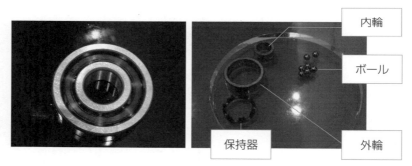

図1-13　ボールベアリングの構造と構成要素

・滑り軸受（ブッシュ）

滑り軸受とは、材料素材自体の滑りや、軸と滑り軸受の間に注油することで回転負荷を減らして回転する軸を受けるものです（図1-14）。

図1-14　滑り軸受

設計のPoint of view……直線形体を支持する原理原則

軸は直線形体ですから、必ず2点支持することが設計の原理原則です。

3点以上の支持点があると、それぞれの位置がばらつき、同一直線上に配列できないからです（図1-15）。

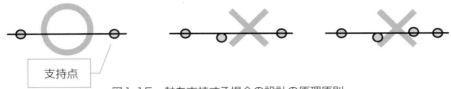

図1-15　軸を支持する場合の設計の原理原則

軸受間距離をできるだけ大きくとることで軸の傾きが抑えられますが、軸中央部がたわみやすくなってしまいます。このような場合、中間付近に軸受を追加して3点受けする構造を考えることもできます。

しかし、3点の軸受で支持する構造を設計する場合、3つの軸受の同軸が保証できません。したがって、追加した3点目の軸受は調整式、あるいはスライドして逃げる構造にしなければ、回転渋りや軸受の負荷増大につながります（図1-16）。

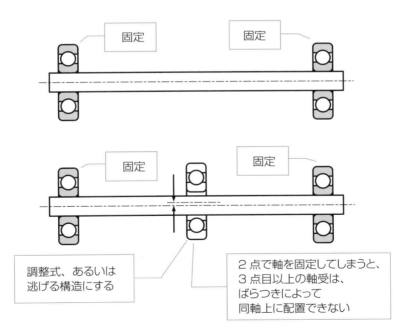

図1-16　支持する軸受の構成

2）軸受の種類と注意点
①ボールベアリング
　回転する軸を支持する場合、一般的に安価なボールベアリングを使うことが多いといえます。
　一般的に、回転軸をボールベアリングで支持する場合は、次のような構造になります。

ⅰ）荷重点が軸受間の内側にある場合
　2つの軸受の内側で荷重を受ける場合は、荷重点が一方の軸受に近づくほど、その軸受の負担が大きくなることがわかります（図1-17）。

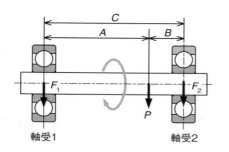

$$F_1 = \frac{B}{C}P$$

$$F_2 = \frac{A}{C}P$$

図1-17　軸受間の内側に荷重点がある場合

ⅱ）荷重点が軸受間の外側にある場合
　2つの軸受の外側で荷重を受ける場合は、軸受間距離Cを広くとり、荷重点側の軸受からの出代Dを小さくすることで、軸受にかかる負担は小さくなります。また、軸受1と軸受2の受ける反力（F_1、F_2）が逆向きになることも特徴です（図1-18）。

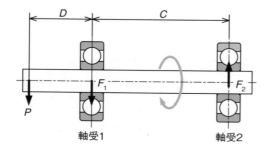

$$F_1 = \frac{D+C}{C}P$$

$$F_2 = \frac{D}{C}P$$

図1-18　軸受間の外側に荷重点がある場合

軸受を使う際に注意しなければいけない現象に"クリープ"があります。

クリープとは、軸の外径と軸受の内輪のわずかな周長差によって、回転方向と相対的に滑りを生じることで、軸や軸受の摩耗や発熱を引き起こす望ましくない現象をいいます。

円の周長は、「直径×π」で求められます。

内輪と軸の間に隙間があると、軸の外周長さより、軸受内周の長さの方が長くなります。

そのため、回転していると軸が先に回転し内輪の回転が遅れるため、相対的な滑りが発生することで不具合を誘発するのです（**図1-19**）。

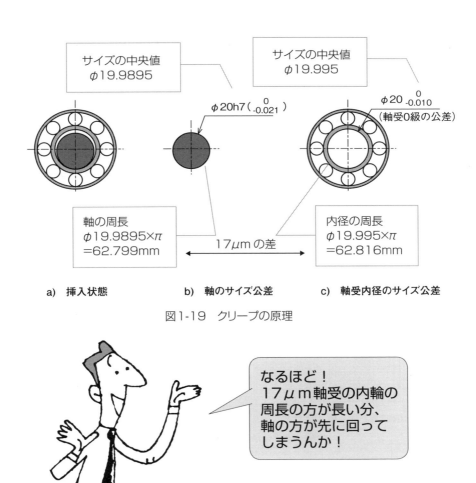

図1-19　クリープの原理

クリープなどの不具合を防止するため、内輪・外輪の回転状態によって、"はめあい"の種類を決めるよう、メーカーカタログなどに推奨のはめあいが指示されています（**表1-10**）。

ただし、深溝ボールベアリングのように非分離型軸受は、一方にすきまばめを採用することが一般的です。

表1-10　クリープなどを防止するはめあいの種類

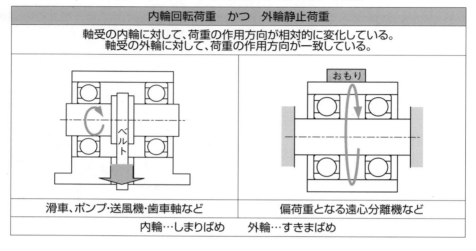

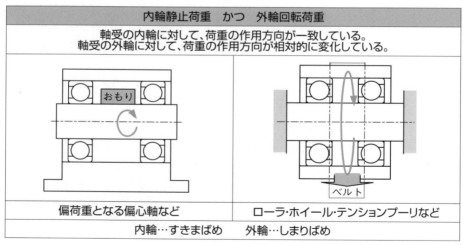

②アンギュラボールベアリング

ボールベアリングの一種で、大きなアキシャル荷重(軸方向にかかる荷重)がかかる場合や軸剛性を上げたい場合にアンギュラボールベアリングを使います。

アンギュラボールベアリングは、内外輪とボールに接触角(angular contact)を持つことで、ラジアル荷重と"一方向の"アキシャル荷重を負荷することができ、一般的に2つの軸受を対向させて使います。接触角が小さいベアリングほど高速回転に適します。

ボールベアリングとの最大の違いは接触角を持つため、みかけの荷重を受ける点を変化させることで、軸剛性を調整することができることです。(**図1-20**)。

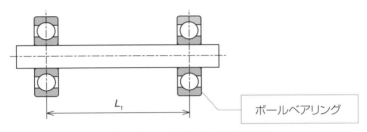

a)　ボールベアリングの軸受間距離

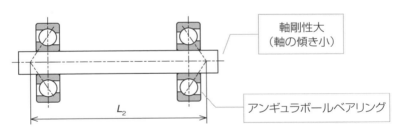

b)　背面組み合わせアンギュラボールベアリングのみなし軸受間距離

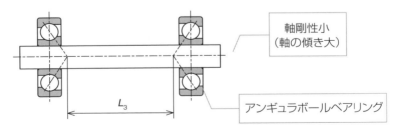

c)　正面組み合わせアンギュラボールベアリングのみなし軸受間距離

図1-20　アンギュラボールベアリングの軸受間距離

③ニードルローラーベアリング

ニードルローラーベアリングとは、転動体にニードル(針状ころ)を組み込んだベアリングで、他のベアリングより薄いためコンパクト化や省スペース化に貢献し、負荷容量が大きいのが特徴です(**図1-21**)。

図1-21　ニードルローラーベアリング

　ニードルローラーベアリングを使用する場合、ニードルが直接、軸に接します。
　そのため、サイズ公差を指示したうえで、耐摩耗性を向上させるための熱処理や表面粗さに留意しなければいけません(**図1-22**)。

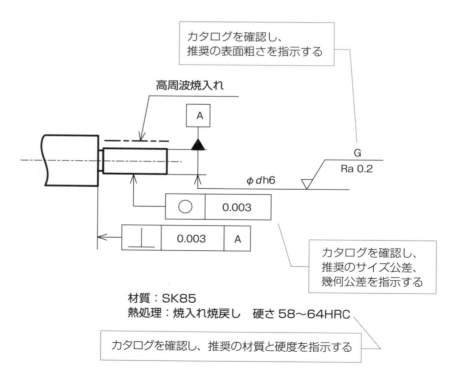

図1-22　ニードルローラーベアリング用の軸の図面指示例

④ボールブッシュ

　スライド機構を設計する際によく用いられるものにボールブッシュ（リニアブッシュとも呼ぶ）があります。

　ボールブッシュとは、円筒軸と組み合わせて使用し、内蔵した鋼球の転がりによりスライド運動を実現させるものです。

　ボールブッシュは低摩擦で高精度なスライド運動を実現できますが、滑りブッシュと比較すると高価なこと、回転運動に対応できないものもあるという欠点があります（図1-23）。

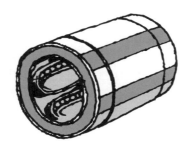

図1-23　ボールブッシュ

　ボールブッシュは鋼球が直接、軸に接するため、サイズ公差を指示したうえで、耐摩耗性を向上させるための熱処理や表面粗さに留意しなければいけません（図1-24）。

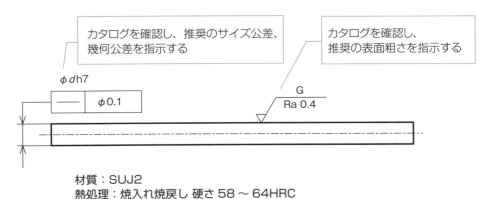

図1-24　ボールブッシュ用の軸の図面指示例

第1章のまとめ

第1章で学んだこと
　軸の直径サイズやサイズ公差を決める際の考え方の一つを知りました。公式を知ることで形状の強度に関する内容も学習しました。
　軸は、軸受と組み合わせて使うことが多いことも知りました。

わかったこと
◆標準数は等比数列のためシリーズ化設計に適する（P3）
◆はめあい部に用いる軸の直径サイズはJISに規定されている（P4）
◆直径が大きいほど引張り・圧縮・せん断応力に強くなる（P7）
◆直径が大きいほど曲げ・ねじり応力に強くなる（P9、P12）
◆みがき棒鋼のように素材状態で公差精度を保証したものがある（P15）
◆公差精度の高い領域は必要最小限にする（P17）
◆軸は2点で受ける（P19）
◆軸を3点以上で受ける場合は、2点以外は調整あるいは逃がす（P19）
◆軸受の種類ごとに特徴を活かす使い方をしなければいけない（P20）
◆軸受を使う場合"はめあい"の種類を検討しなければいけない（P22）

次にやること
　軸の端面は切断しっぱなしで使うことはありません。軸の端面には面取りやねじ、キー溝など様々な形状を作って機能を満足するように設計します。それら端面形状の種類や決まりごと、注意点を知りましょう。

第2章

円筒軸の基本形状要素
～軸の端部形状を設計する～

軸の端部の処理って、どんなものがあって何をどうすればいいのかわからへん！

(ノ≧o≦)ノ ┤゜・∴。

軸の端部には、安全性を目的とした形状から機能性を目的にした形状まで、様々なものがあります。その種類と選択法を習得しましょう。

(*￣∀￣)"b" チッチッチッ

2-1	円筒軸端の形状の種類
2-2	面取り形状の設計
2-3	段差部の隅の形状の設計
2-4	ねじ形状の設計
2-5	二面幅形状の設計
2-6	キー溝形状の設計
2-7	センター穴の有無

第2章　1　円筒軸端の形状の種類

円筒軸は相手部品の穴に挿入して組み合わせることがほとんどです。

そのため、取り扱い時の安全性や傷付き防止、相手部品への挿入性を考慮した面取り、相手部品との固定用のねじなどを設けます。

軸端には、主に次のような形状要素があります（図2-1）。

1) 面取り（45°面取り・テーパー面取り）
   安全性や傷防止目的、挿入目的、摺動性などを目的で施す。
2) 段差部の隅部形状
   軸受や歯車などのアキシャル（軸線）方向の位置決めの目的で施す。
3) ねじ
   おねじやめねじを設けて、組み合わせる部品を締結する目的で施す。
4) 二面幅（小判形・四角形・六角形・すり割り）
   スパナやマイナスドライバーなどの工具を差し込んで使う目的で施す。
5) キー溝
   歯車やプーリーと軸との回転動力を伝えるために回り止めの"キー"を取り付ける目的で施す。
6) センター穴
   旋削加工時に、軸の先端がブレないよう、旋盤のセンターを挿入して保持したり、加工基準としたりする目的で施す。

図2-1 主な軸端の形状例

まずは、円筒軸端面の加工について知りましょう。

円筒軸の端面は、通常、旋盤によって加工されます。

この時、バイト（旋盤用の刃物）を材料の中心に向かって送っていくのですが、次の理由で"挽き残し（ひきのこし）"と呼ばれるわずかな突起が残ってしまいます（図2-2）。

・バイトの刃先高さと材料の回転中心がわずかにずれる。（刃先は回転中心と同じか、わずかに下側にないと切削できない。）
・中心地点では回転速度がゼロになるため、きれいな切削面が得られない。

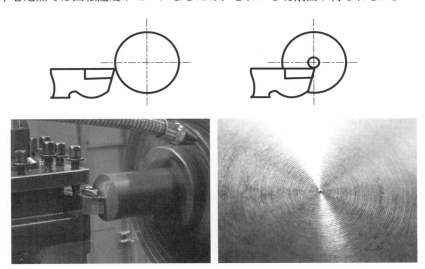

図2-2 軸端面の挽き残し

軸端面の挽き残しをコントロールしたい場合は、図面上で次のように指示します。

旋削の中央は回転がゼロになり、チッピング（刃の欠け）が生じやすくなるため、"センター穴"や"キリ先残し"があるとよいといわれています。センター穴やキリ先残しについては、本章で解説しています（図2-3）。

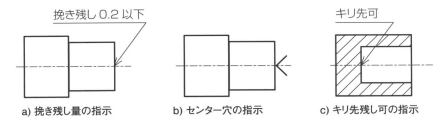

図2-3 挽き残し状態の図面指示例

面取り形状の設計

JIS B 0701が規定する面取り形状の用語の意味から理解しましょう。

設計の現場では、これらの言葉使いがあいまいに使われています。正しい用語の使い方と意味を理解しましょう（**図2-4**）。

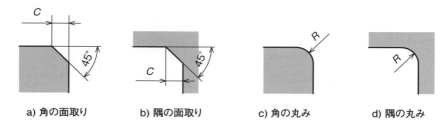

a) 角の面取り　　b) 隅の面取り　　c) 角の丸み　　d) 隅の丸み

図2-4 角・隅の面取りおよび角・隅の丸み

円筒軸端の面取りには、次の3種類があります。

・角の面取り（45°面取り）

　45°面取りは、簡易的な挿入性向上や傷の防止、安全性確保の目的で施します。

　面取りサイズに特に決まりはなく、設計者の経験や感覚で決められることが多いといえます。図面指示する場合、記号C（シー）を使うことから、C面取りとも呼ばれます。

・角の面取り（テーパー面取り）

　"はめあい"の すきまばめや、しまりばめ（圧入）のように、組立精度と組立容易性、部品同士の固着が要求される場合に施します。

　テーパーの角度は、15°〜30°の間で設計することが多いといえますが、45°面取りサイズと同じように設計者の経験や感覚で決められることが多いといえます。

・角の丸み（R面取り、あるいは球形状）

　軸部品の角に丸みをつけることは一般的に少ないといえますが、機能上の要求から角を滑らかにするという目的で使用する場合があります。

切削加工品の面取りおよび丸みのサイズは、JIS B 0701に規定されています（**表2-1**）。

第1章で学んだ標準数が使われていることがわかると思います。

表2-1　JISが規定する切削加工部品の45°面取り及び角隅の丸みの値

0.1	1.0	10
-	1.2	12
-	1.6	16
0.2	2.0	20
-	2.5(2.4)	25
0.3	3(3.2)	32
0.4	4	40
0.5	5	50
0.6	6	-
0.8	8	-

①角の面取り（45°面取り、別名：C面取り）

45°面取りのサイズは、参考値ですがJIS B 0903に規定されています（**表2-2**）。

これらの面取りサイズは、私の経験からすると少し小さめに感じるので、最小面取りサイズと考えてもよいと思います。

表2-2　JISによる軸端の45°面取りサイズの参考（抜粋）

軸端の直径	6	7	8	9	10	11	12	14	16	18
面取り(C)	0.5									

軸端の直径	19	20	22	24	25	28	30	32	35	38
面取り(C)	0.5					1				

軸端の直径	40〜100	110〜250	260〜630
面取り(C)	1	2	3

| 設計のPoint of view……45°面取りの相対的なサイズ感を知る |

　CADで図形を描かずに、手書きや口頭によるイメージだけで面取りのサイズを伝えると、直径サイズとの相対的な関係で軸端部が予想外の形状になってしまうことがあります（**図2-5**）。

　常にサイズ感を養うように努力しましょう。

　　a) 直径8mm にC1 面取り　　　　　　　b) 直径8mm にC3 面取り

図2-5 面取りサイズの違いによる軸端部イメージの違い

②角の面取り（テーパー面取り）

　45°よりも小さい角度で面取りすることで、挿入性を向上させるときに用います。角度によって先端径や面取りの奥行きが変化することに留意しましょう（**図2-6**）。

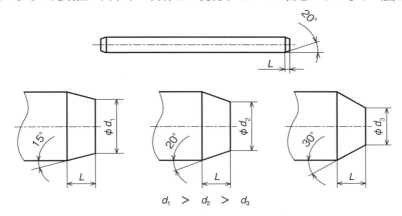

a) 面取りの奥行きを固定した場合の面取り後の先端径の違い

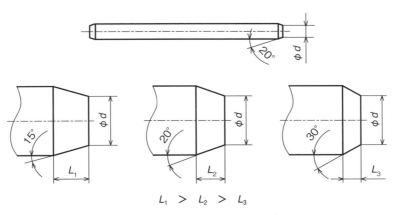

b) 面取り後の先端径を固定した場合の面取りの奥行きの違い

図2-6 テーパー面取りの例

設計のPoint of view……自身の中でテーパー角度の使い分けを決めておく

　テーパー角や奥行きの量に正答はありません。自身の設計スタイルとして次のように決めてもよいでしょう。下記は、あくまでも一例です。
- 一般的な　すきまばめの場合…30°テーパー
- 軽圧入やオイルシール・Oリング挿入の場合…20°テーパー
- 強圧入の場合…15°テーパー

③角の丸み（R面取り、あるいは球形状）

　45°面取りと比べると加工方法によってはコストがかかるため、単なる安全性目的で45°面取りの代わりにR面取りをすることは少ないと考えられます。

　R面取りを採用する場面としては、機能的に手触り感を求める場合などが考えられます。

　球形状を採用する場面としては、プッシュロッドのように相手部品と相対的に連続的な滑りを要求する場合が考えられます（図2-7）。

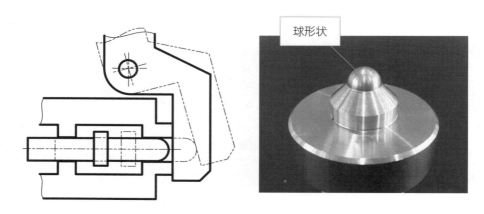

図2-7 球形状の使い方

　軸の端部を球の形状にする場合、寸法指示に注意が必要です。投影図だけを見ると半円に見えてしまうため、半径を表す寸法補助記号「R」を使ってしまいがちですが、球の半径を表す寸法補助記号「SR」を指示しなければいけません（図2-8）。

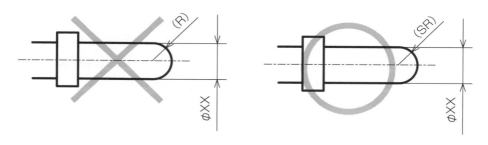

図2-8 球形状の寸法指示例

| 第2章 | 3 | 段差部の隅の形状の設計 |

　円筒軸は、段差を設けて挿入する部品の当て面(位置決め)に使うことが多いといえます。組み合わせる部品の形状に合わせて設計するため、特に「このサイズ」といった決まりごとは存在しません。

　一般的に段差部の隅部は、逃がし溝をつける場合と隅の丸みをつける場合とがあります。
①隅に逃がし溝をつける場合
　軸や穴にかかわらず、厳しいサイズ公差を要求する場合、その段差部や止まり穴の底部に逃がし溝をつけるのが一般的です。
　なぜなら、逃がし溝を作ることでバイトが段差部に接触する前に停止させる区間を設けることができ、加工が容易になるからです。

　本章の第4項で示す、ねじの段差部にも同じような逃がし溝が必要となります。逃がし溝を設けるための工具もありますので、加工的に難しいわけではありません(図2-9)。

a) バイトの形状例(1)　　　　　b) バイトの形状例(2)
図2-9 逃がし溝を設けるための工具

隅に逃がし溝をつける場合の加工を確認しましょう（図2-10）。

ただし、穴の加工においては、下図に示すバイトによる加工以外にリーマーを使う加工もあります。

段差部の隅部に逃がし溝を設ける場合、曲げ応力を受ける軸では隅部に応力集中が生じるので、強度に注意しなければいけません。

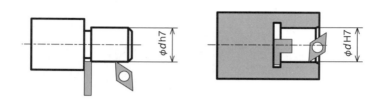

a) 2種類のバイトを交換して溝を加工する形状

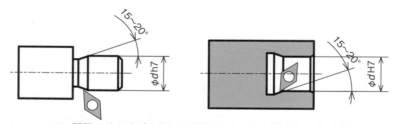

b) 1種類のバイトをプログラムで移動させながらして溝を加工する形状

図2-10 逃がし溝の加工例

φ(@°▽°@) メモメモ

キリ先残し

穴にバイトを挿入する前に、必ずドリルで下穴加工を行います。その際にキリ先（ドリルの先端）形状が端面に残ってもよいとなると、加工が容易になりコストダウンにつながります。その場合は、「キリ先可（drill point allowed）」と記入します。

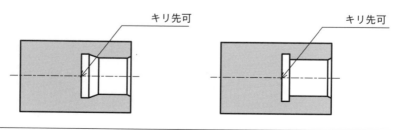

溝の形状を作るのはよいとして、問題は溝のサイズです（**図2-11**）。

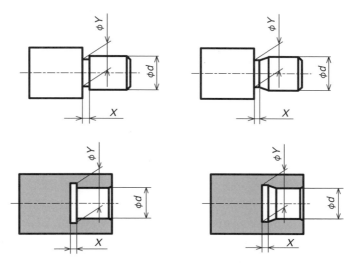

図2-11 逃がし溝のサイズ

<u>逃がし溝のサイズは、JISなどで特に決まっていません。</u>
　そこで、JIS B 2804で規定されるC形止め輪やE形止め輪の溝のサイズを参考にすることができます。溝幅は直径の5〜20％前後でばらついていることがわかり、0.7mmや1.35mmなど中途半端なサイズも使用していることから、加工的に溝幅の数値に制約がなさそうであることがわかります（**表2-3**）。

表2-3　JISが規定する止め輪の溝幅と軸径の関係＜抜粋＞

軸径	2<d≦4	4<d≦8	7<d≦10	10<d≦22	24<d≦32
E形止め輪の溝幅（X）	0.5	0.7	0.9	-	-
C形止め輪の溝幅（X）	-	-	-	1.15	1.35

　したがって、次のように自分の設計スタイルを作り上げてもよいかと思います。
・溝幅X…購入あるいは製作する刃の幅を考慮して、0.5mm単位の数値を選択するとよいでしょう。
　　$X ≒ d/10$　（ただし、$X ≧ 0.5$）
・溝径Y…強度的に弱くなることや剛性不足による変形を避けたいという理由から、削り量を少なくする方がよいでしょう。
　　軸：$Y ≒ d - (0.5〜1)$　　穴：$Y ≒ d + (0.5〜1)$

②隅に丸みをつける場合

　逃がし溝を設けるのが加工上や機能上もよいと考えますが、欠点として溝部に応力集中を生じるため、強度低下のリスクが考えられます。そこで、逃がし溝を設けない手段が、隅の丸みです。

　しかし、精度を要求するサイズ公差を指示する場合は、直線部である仕上げ面と隅R部の接続において加工が難しくなります。

　歯車やローラーを組み合わせる場合、それらの穴の入り口の面取りを大きめに設計しておけば、段差部の隅の丸みは、あまり注意しなくてもよいでしょう。
　しかし、市販品である転がりベアリングなどを使用する場合、段差部の隅に生じる隅の丸みがベアリングの面取りよりも小さくないと、ベアリングが隅の丸みに乗り上げて段差部に密着できず、位置がずれる可能性があります（図2-12）。

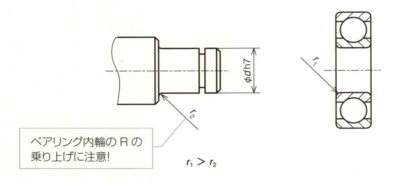

図2-12 軸の段差部とベアリングの関係

ベアリングの角の丸みのサイズは、JIS B 1521に規定されています。
市販品のベアリングを使用する場合は、ベアリングメーカーのカタログに設計上の注意点など必要な情報が掲載されています。(**図2-13、表2-4**)。
ここでは、ジェイテクト社(koyoベアリング)の単列深溝玉軸受(一般的なボールベアリングの一種)のカタログ情報を参考として示します。

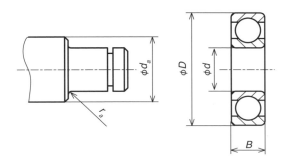

図2-13 ベアリングを挿入する軸の段差形状

表2-4 ベアリングメーカーのカタログによる軸径と隅の丸み(抜粋)

ベアリング寸法			軸寸法	
d	D	B	d_a(最小)	r_a(最大)
12	18	4	13.6	0.2
	21	5	14	0.3
	24	6	14	0.3
20	27	4	21.6	0.2
	32	7	22	0.3
	37	9	22	0.3
30	37	4	31.6	0.2
	42	7	32	0.3
	47	9	32	0.3
45	58	7	47	0.3
	68	12	49	0.6
	75	10	49	0.6

※koyoカタログ(catb2001_b.pdf)より引用

図面を描く際、隅の丸みの寸法は、次のように記入するとよいでしょう（**図2-14**）。

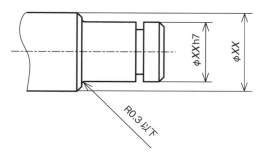

図2-14 隅の丸みの寸法記入例

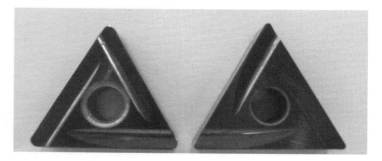

バイトの刃先R（ノーズRともいう）

　旋盤加工で用いられるバイト（刃物）には、必ず刃先Rが付いています。
　刃先は、R0.2 R0.4 R0.8 R1.2 R1.6 R2.0 R2.4 などがあります。
　一般的に、大物でない軸の切削には刃先R0.4のバイトが使われることも多く、ベアリングと組み合わせる場合は、刃先Rの指定を忘れてはいけません。

　切込み量が3mm以下の場合、被削材別に推奨される刃先Rがあります。
・刃先R0.8→鋳鉄や非金属
・刃先R0.4→鋼や非鉄金属（アルミ、銅）
　※粗削りの場合は、R0.8が使用される場合がある

設計のPoint of view……段差のある軸の材質選定上の注意点

　軸に段差加工する場合、小径側の直径サイズは自由に決めることができますが、材質によっては注意しなければいけない場合があります。
　鉄鋼材料の中に、丸H（マルエッチ）材と呼ばれる調質鋼があり、購入時点で材料に焼入れ焼戻し処理が行われた材料があります。

材質記号の例：　S 45 C － Ⓗ

　丸H材を細く削る場合、調質むらによって中心部の焼入れが甘くなっている可能性があり、切削面に期待する硬度を得られない可能性があります（**図2-15**）。
　これを、質量効果といいます。このような場合は、非調質材（一般的なS45C）を切削加工後、焼入れ焼戻しをするように図面指示するとよいでしょう。

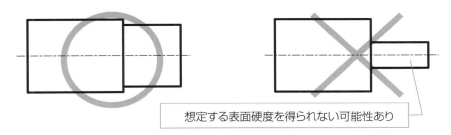

図2-15　丸H材を加工する際の注意点

質量効果って、ゆで卵の固ゆでと半熟の違いみたいやな！

φ(@°▽°@)　メモメモ

質量効果

　鋼を焼入れる際、形体サイズ（直径や厚み）が大きくなるほど中心部まで十分に硬化しないことをいいます。
　一般的に、炭素鋼（S**C材）の方が合金鋼（SCM材など）より、質量効果が大きく、焼き入れ性は悪くなります。

| 第2章 | 4 | ねじ形状の設計 |

軸にねじを設計する場合、端部にねじが配置されることが多いといえます（図2-16）。

a) おねじ

b) めねじ

図2-16 軸端部のねじ

設計のPoint of view……ねじサイズの決め方

ねじのサイズは、下記のいずれかの理由によって選択される場合があります。
・大きな荷重を受けるねじの場合、強度計算をしたうえで、最適なねじサイズを選定する。
・小さなねじでも強度は十分満足するが、工具（スパナなど）の標準化のために、他のねじサイズと共通化する。
・小さなねじでも強度は十分満足するが、組立時にねじ山やねじ頭をつぶしやすくなるため、スペースが許される範囲の中で、より大きなサイズのねじを採用する。
・販売後のメンテナンスで取り外す回数の多いねじは、紛失したり機械装置の中に落下して行方不明になったりするリスクも多いため、視認性の良い大きなサイズのねじを使う。

ねじの有効長さ(奥行き)は、一般的におねじとめねじが同材質(強度が同じ)という条件の場合、呼び径 d の0.6倍以上のねじの有効長さを確保すれば、めねじのねじ山は破壊せず、ボルトの谷径からの引っ張り破壊になるといわれています(**図2-17**)。

そう!同材質の場合、ボルトが先に壊れるのです。

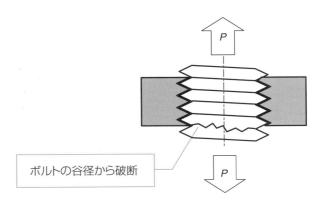

図2-17 ねじの強度

設計のPoint of view……ねじの有効長さの決め方

ねじの有効長さは、JISで規定されているナットの厚みを参考にして、それと同じにするかプラス α の長さで十分でしょう。振動や衝撃荷重が加わる場合は、呼び径の1.5倍必要です。また、おねじとめねじが異材質(めねじの方が弱い材質)の場合、呼び径の1.5〜2倍は必要です。

六角ナットのサイズは、JIS B 1181に規定されています(**図2-18、表2-5**)。

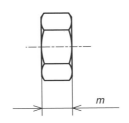

図2-18 六角ナットの厚み

表2-5 JISが規定する標準的な六角ナットの厚み(抜粋)

ねじ呼び		M3	M4	M5	M6	M8	M10	M12	M16
m	最大	2.4	3.2	4.7	5.2	6.8	8.4	10.8	14.8
	最小	2.15	2.9	4.4	4.9	6.44	8.04	10.37	14.1

軸の端部にねじを加工する場合、不完全ねじ部を設ける、あるいは逃がし溝を設ける必要があります（図2-19）。

逃がし溝の形状は、本章第2項の「段差部の隅部形状の設計」を参考にすればよいでしょう。

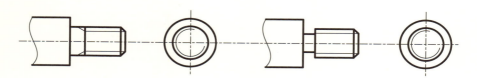

a）おねじ（不完全ねじ部）の投影図例　　　　b）おねじ（逃がし溝）の投影図例

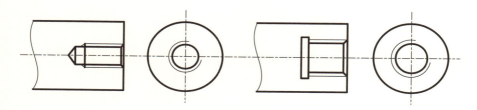

c）めねじ（不完全ねじ部）の投影図例　　　　d）めねじ（逃がし溝）の投影図例

e）おねじの逃がし溝　　　　f）おねじの不完全ねじ部　　　　g）めねじの不完全ねじ部

図2-19 ねじの不完全ねじ部と逃がし形状の例

不完全ねじ部は設計上、重要な役割を持たないため、気にする設計者は少ないと思います。

しかし、不完全ねじ部がオイルシールやOリングなどゴム部品と接触するとゴムが破断して機能を果たさなくなるかもしれません。

そのため、不完全ねじ部の長さを知りたい場合もあるはずです。

メートルねじを持つおねじ部品の不完全ねじ部の長さは、JIS B 1006に規定されています（**図2-20**、**表2-6**）。

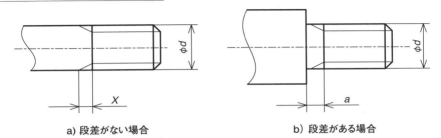

a) 段差がない場合　　　　b) 段差がある場合

図2-20 おねじの不完全ねじサイズ

表2-6 JISが規定するメートルねじをもつおねじ部品の不完全ねじ部の長さ（抜粋）

ねじの呼び径d	ねじのピッチP（並目）	x（最大）		a（最大）		
		並（約2.5P）	短*（約1.25P）	並（約3P）	短*（約2P）	長（4P）
M3	0.5	1.25	0.7	1.5	1	2
M4	0.7	1.75	0.9	2.1	1.4	2.8
M5	0.8	2	1	2.4	1.6	3.2
M6	1	2.5	1.25	3	2	4
M8	1.25	3.2	1.6	4	2.5	5
M10	1.5	3.8	1.9	4.5	3	6
M12	1.75	4.3	2.2	5.3	3.5	7

＊使用上の技術的理由によって、特に短い不完全ねじ部の長さを必要とする場合

不完全ねじ部や、ねじの逃がし代は、一般的に3ピッチと覚えておけばええよ！

第2章　円筒軸の基本形状要素〜軸の端部形状を設計する〜

設計のPoint of view……止まり穴のある部品のめっき処理上の注意点

軸の端部にめねじを加工する場合、ほとんどの場合が止まり穴で設計します。

軸の防錆処理として、電気亜鉛めっきのような湿式めっきを施す場合、めっき液の表面張力によって液が穴に溜まり、組立後に流れ出して錆やシミが発生する不具合が発生します。この現象は小さな穴ほど発生しやすくなります。

そこで、めっき液抜き用の穴を設けるか、図面作成時にマスキング指示を忘れてはいけません（**図2-21**）。

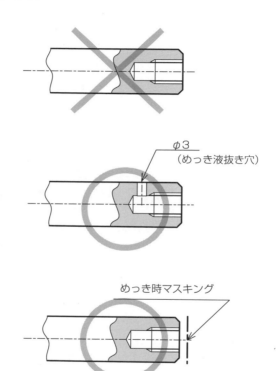

図2-21 止まり穴のある軸をめっきする場合の図面指示例

| 第2章 | 5 | 二面幅形状の設計 |

　円筒軸に二面幅を設け、工具を差し込んで締め付けたり、回り止めに使ったりすることがあります。

　凸形状の二面幅にはスパナを使うことが一般的で、組立性の観点から小判形、四角形、六角形を適宜使い分けます。

　面が増えるほど加工が増えることでコストアップになるため、六角形状の素材で設計するなども考慮して形状を決めます。

　凹形状（すり割り・スリット）の二面幅にはマイナスドライバーを使うことが一般的ですが、マイナスドライバーでは大きなトルクを発生することができないため、比較的軽トルクの締め付けに使います（図2-22）。

a) 小判形

b) 四角形

c) 六角形

d) すり割り・スリット

図2-22 二面幅の種類

二面幅のサイズは、JIS B 1002に規定されています（**図2-23**、**表2-7**）。

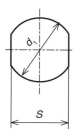 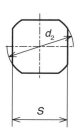 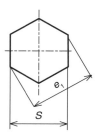

図2-23 JIS が規定する二面幅のサイズ

表2-7 JIS が規定する二面幅のサイズ（抜粋）

二面幅の呼び	二面幅サイズ S (*)	対角距離（参考）		
		d_1	d_2	e_1
6	6	7	8	6.93
8	8	9	10	9.24
10	10	12	13	11.5
12	12	14	16	13.9
14	14	16	18	16.2
17	17	19	22	19.6
19	19	22	25	21.9
21	21	24	27	24.2
24	24	28	32	27.7
27	27	32	36	31.2
30	30	36	40	34.6

①凸形状の二面幅（小判形、四角形、六角形）

　凸形状の二面幅を設計する場合、スパナあるいは工場で使っている治具のサイズとその許容差を知らなければいけません。

　スパナの二面幅のサイズは、JIS B 4630 に規定されています（**図2-24**、**表2-8**、**表2-9**）。

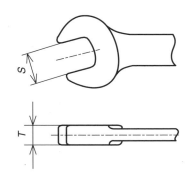

図2-24 JIS が規定するスパナのサイズ

表2-8　JISが規定するスパナの二面幅のサイズ

呼び S	許容差	
	最小	最大
5.5	+0.02	+0.12
6, 7, 8, 9	+0.03	+0.15
10, 11	+0.04	+0.19
12, 13	+0.04	+0.24
14, 16	+0.05	+0.27
17, 18	+0.05	+0.30
19, 21, 22, 23, 24	+0.06	+0.36
26, 27, 29, 30, 32	+0.08	+0.48
35, 36, 38, 41, 46, 50	+0.10	+0.60
54, 55, 58, 60, 63, 65, 67, 70, 71	+0.12	+0.72
75, 77, 80	+0.16	+0.85

表2-9　JISが規定するスパナの厚みのサイズ（参考）

呼び S	5.5	6	7	8	9	10	11	12	13	14
厚さ T（最大）	3.2	3.5	4	4.5		5	5.5	6	6.5	7
呼び S	16	17	18	19	21	22	23	24	26	27
厚さ T（最大）	8		8.5	9		10		11		12

設計の Point of view……凸形状の二面幅サイズの決め方

　スパナと嵌合する二面幅の基本サイズは呼びSから決め、スパナ側の許容差がプラスになっていることから、設計する円筒軸端の二面幅はマイナス公差で設計しなければいけません。二面幅の奥行きは、スパナの厚みTを参考に決めるとよいでしょう。

φ(＠°▽°＠)　メモメモ

二面幅に利用する工具の種類

下記の工具にトルク測定器がついたものは、締め付けトルクを管理することができます。
- スパナ（凸形の二面幅に使用できる）
  横方向からレンチを挿入するためにレンチ先端が解放されている。

- めがねレンチ（六角形状にのみ使用できる）
  レンチ先端部が輪になっており、スパナより大きなトルクをかけることができる。

- ソケットレンチ、ボックスレンチ（六角形状にのみ使用できる）
  ハンドルに脱着式の円筒状のソケットがついており、狭い場所での作業に適する。

- モンキーレンチ（凸形の二面幅に使用できる）
  スクリューによってレンチの二面幅のサイズを自由に変更できるが、幅の管理ができないため、ボルトの頭をなめやすい。

②凹形状の二面幅（すり割り・スリット）

凹形状の二面幅は、一般的にマイナスドライバーなどの工具を使って回すことを想定して設計します。

そのため、溝のサイズを決めるのには、次の3つのアプローチが考えられます。
①マイナスドライバーを使う前提の"すりわり付きねじ"の溝を参考にする。
②マイナスドライバーの先端厚みサイズを参考にする。
③工具の替わりに使えるもの、例えば硬貨の厚みを参考にする。

①"すりわり付きねじ"の溝を参考にする

すりわり付きねじの溝のサイズは、JIS B 1101に規定されています（**図2-25**、**表2-10**）。ここでは、"すりわり付きなべ小ねじ"の規格を参考にしています。

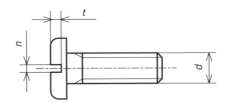

図2-25 JISが規定するねじの溝幅のサイズ

表2-10　JISが規定する"すりわり付きなべ小ねじ"の溝のサイズ（抜粋）

ねじの呼びd		M1.6	M2	M2.5	M3	M4	M5	M6	M8
n	呼び	0.4	0.5	0.6	0.8	1.2	1.2	1.6	2
	最大	0.60	0.70	0.80	1.00	1.51	1.51	1.91	2.31
	最小	0.46	0.56	0.66	0.86	1.26	1.26	1.66	2.06
t	最小	0.35	0.5	0.6	0.7	1.0	1.2	1.4	1.9

企業の図面を見ると、同じようなすり割り形状が、サイズ違いでたくさん存在してるんや！

すり割り形状こそ、標準化すべきなんですね！

②マイナスドライバーのサイズを参考にする

マイナスドライバーのサイズは、JIS B 4609に規定されています（**図2-26、表2-11**）。

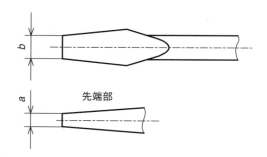

図2-26 JIS が規定するマイナスドライバーのサイズ

表2-11　JIS が規定するマイナスドライバーのサイズ

呼び	a（先端の厚み）		b（先端の幅）	
	基準寸法	許容差	基準寸法	許容差
4.5×50	0.6	±0.1	4.5	±0.2
5.5×75	0.7		5.5	±0.3
6×100	0.8		6	
7×125	0.9		7	
8×150	1.0		8	
9×200	1.1		9	
10×250	1.2		10	
9×300	1.2			

φ(@°▽°@)　メモメモ

プラスドライバー用の溝とマイナスドライバー用の溝の特徴

- プラスドライバー用溝（十字溝）…ドライバーを挿入した際に横にずれず中央に挿入されるため、電動ドライバーのような高速回転する工具でも作業できます。しかし、溝にゴミがたまるとドライバーの先端が入らなかったり、サイズの合わないドライバーを使ったりすると十字溝をつぶしてしまう恐れがあります。十字溝は加工が難しく、形状設計で十字溝を採用することはほとんどありません。
- マイナスドライバー用溝（スリット）…スリットにゴミがたまっても、ドライバーの先端を使って溝の外にゴミを簡単に排除できます。スリットは加工しやすくつぶれにくいという特徴があります。しかし、ドライバーをねじの中央にセットできないため、電動ドライバーのような高速回転する工具を使うことができません。

③**硬貨の厚みを参考にする**

　一般ユーザーが操作する部品で、マイナスドライバーなどの工具がなくても操作できるように設計する場合、硬貨の使用が考えられます。
　日本硬貨のサイズを示します（**表2-12**）。

表2-12　日本硬貨のサイズ

名称	1円	5円	10円	50円	100円	500円
厚み	1.5	1.5	1.5	1.7	1.7	1.8
直径	20	22	23.5	21	22.6	26.5
重さ(g)	1	3.75	4.5	4	4.8	7

φ(@°▽°@)　メモメモ

日本紙幣のサイズ

　2018年現在、日本銀行が発行し市場で流通している紙幣は、E券と呼ばれるバージョンです。厚みは約0.1mm、重さは約1gです。
　E券よりも以前に発行された紙幣にD券、C券、B券、A券があります。

E1万円券	E5千円券	(D2千円券)	E千円券
76×160	76×156	76×154	76×150

第2章　円筒軸の基本形状要素〜軸の端部形状を設計する〜

第2章 6 キー溝形状の設計

キー溝のサイズは、JIS B 1301に規定されています（**図2-27、表2-13**）。ここでは、"平行キー用のキー溝"の規格を参考にしています。

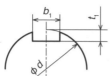
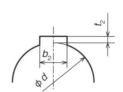

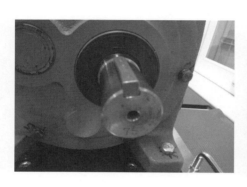
a）軸側

b）穴側

図2-27 キー溝の形状とサイズ

表2-13 JISが規定するキー溝のサイズ 滑動型の場合＜抜粋＞

適用する軸径 d（参考）	キー溝幅 b_1 b_2 基準寸法	滑動型 b_1 許容差（H9）	滑動型 b_2 許容差（D10）	t_1の基準寸法	t_2の基準寸法	t_1 t_2 許容差
6〜8	2	+0.025 0	+0.060 +0.020	1.2	1.0	+0.1 0
8〜10	3			1.8	1.4	
10〜12	4	+0.030 0	+0.078 +0.030	2.5	1.8	
12〜17	5			3.0	2.3	
17〜22	6			3.5	2.8	
22〜30	8	+0.036 0	+0.098 +0.040	4.0	3.3	+0.2 0
30〜38	10			5.0	3.3	
38〜44	12	+0.043 0	+0.120 +0.050	5.0	3.3	
44〜50	14			5.5	3.8	

キー溝を加工する場合、円筒軸にはエンドミルやキーシートカッターを、穴にはスロッターを使うことが一般的です。

円筒軸にエンドミルを使ってキー溝を加工する場合、溝の端部に軸線方向のR形状が残ります（図2-28）。

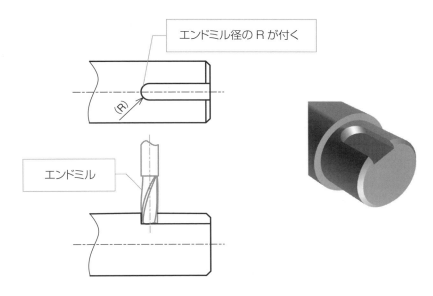

図2-28 エンドミルで加工する場合のキー溝の形状

軸の段差部に近い場所にキー溝がある場合、キー溝の終端部に応力集中を受けます。したがって、できる限り段差部とキー溝の距離を離すようにしなければいけません（図2-29）。

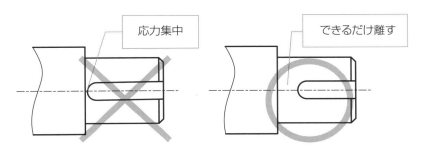

図2-29 キー溝と段差部の応力集中

第2章　円筒軸の基本形状要素〜軸の端部形状を設計する〜

円筒軸にキーシートカッターを使ってキー溝を加工する場合、溝の端部に軸直角方向のR形状が残ります。この形状のメリットは段差部に応力集中が生じにくくなることです（**図2-30**）。

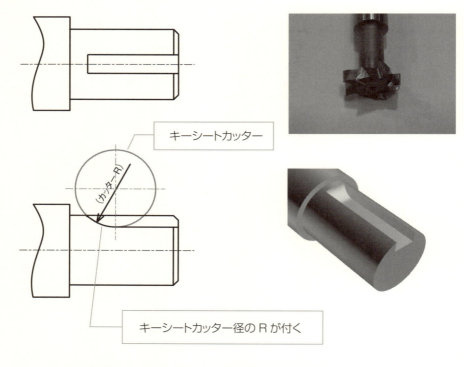

図2-30 キーシートカッターで加工する場合のキー溝形状

　キー溝の奥行き方向にスペースが十分ある場合、図面には「カッターR」と指示してカッター径を加工側にお任せしても構いません。
　しかし、段差があるなど奥行きスペースに余裕がない場合は、カッター径を製造側に確認して設計しなければいけません。

φ(@°▽°@) メモメモ

キーとキー溝以外のトルク伝達アイテム

　キーによる回転止め構造の欠点は、過大なトルクが入力された際に、軸側のキー溝の隅部に応力集中を受けて、キー溝を起点に軸が破損する恐れがあります。

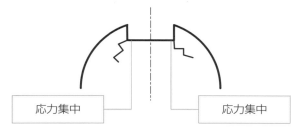

　キーとキー溝に代わる回転駆動伝達の機械要素にセレーションとスプラインがあります。どちらもキーの代わりとなる突起が軸の周りに等間隔に配列した形をしています。

・セレーション
　突起の形状を三角形にしたもので、歯元が広く噛み合わせに遊びがないため、同じ径のスプラインより大きなトルクを伝えることができます。軸への固定を目的とするため、軸方向にスライドさせて使用することはできません。

・スプライン
　突起の形状を四角形にした角形スプラインや歯車の刃の形をしたインボリュートスプラインがあります。どちらも軸の回転トルクを伝達させる目的に使用され、自動車の変速機のようにスプライン上をスライドさせて使うこともできます。

| 第2章 | 7 | センター穴の有無 |

センター穴とは、旋盤や円筒研削盤などで加工基準とするための穴をいいます（図2-31）。

一般的に、センター穴の形状を描いたり、モデリングしたりすることはなく、図面上でのみ指示します。

センター穴の形状は、JIS B 1011に規定され、A形・B形・C形があり、一般的にA形のセンター角60°のものが使われます。

a) センター穴の実形　　　　　　　　b) センターを保持した加工

図2-31 センター穴

設計のPoint of view……センター穴の有無

軸の端面は、機能上で使用することは少ないため、設計者の意識も低くなりがちです。もし、端面に穴があると機能上で問題が発生する場合は、図面上で"センター穴を残さない"ように指示しなければいけません。

センター穴の有無は、その形を図に表さず、簡略図示法によって指示します（図2-32）。

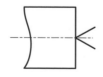 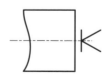

a) センター穴を部品に　　　b) センター穴を部品に　　　c) センター穴を部品に
　 残す場合　　　　　　　　　 残しても良い場合　　　　　　残してはならない場合

図2-32 センター穴の有無を示す記号

第2章のまとめ

第2章で学んだこと
　軸の端面には面取りや段差、二面幅、ねじやキー溝などの形状があり、それらの規格や注意点を学習しました。

わかったこと
◆角度をつけて加工する面取りは"角の面取り"と"隅の面取り"がある（P30）
◆丸みを付けて加工する面取りは"角の丸み"と"隅の丸み"がある（P30）
◆段差部には逃がし溝を作る場合と隅の丸みを付ける場合がある（P35、P38）
◆段差部の隅に丸みを付ける場合、相手部品の形状を知る（P38）
◆ねじは、逃がし溝を作る場合と不完全ねじ部にする場合がある（P44）
◆止まり穴にめっきする場合、マスキング指示あるいは液抜き穴を設ける（P46）
◆二面幅形状には、小判形、四角形、六角形が用いられる（P47）
◆二面幅設計時、スパナなど工具のサイズと公差を調べる（P49）
◆キー溝のサイズは、JISで規定されたサイズと公差を使う（P54）
◆センター穴は、指示しなければ付く場合と付かない場合がある（P58）

次にやること
　軸の端面以外にも、機能を満足させるための形状が存在します。軸のその他の形状の決まりごとや注意点を知りましょう。

第3章

円筒軸の基本形状要素
～軸のその他形状を設計する～

軸に機能を持たせるって、他にどんな形状があるねん！

(ノ≧o≦)ノ ┪・∴。

軸に機能を持たせるものに位置決めや部品の抜け止めがあります。それらの詳細形状の設計を習得しましょう。

(*￣∀￣)"b" チッチッチッ

3-1	軸のその他機能形状の種類
3-2	テーパー形状の設計
3-3	円筒溝形状の設計
3-4	軸直角の穴やねじ形状の設計

| 第3章 | 1 | 軸のその他機能形状の種類 |

円筒軸に設けるその他の形状として、次のような形状があります(**図3-1**)。

1)テーパー形状
　芯出し（センター出し）やガタのない組み合わせを実現させる目的で施す。

2)円筒溝
　止め輪やOリングを取り付ける目的で施す。

3)軸直角の穴やねじ
　歯車やプーリー、ローラーなどの固定の目的で施す。

図3-1 円筒軸に設けるその他の形状例

第3章 2 テーパー形状の設計

　歯車やプーリーの動力を伝える回転軸の場合、歯車やプーリーとの嵌合（かんごう）を、すきまばめで設計することがあります。しかし、数μm〜数十μmというすきまの分だけ振れが生じ、精度の高い回転を保証できません。そこで、精度の高い回転を要求する場合に、テーパーによる嵌合（かんごう）を使います。

　軸端にテーパーだけが存在することは少なく、軸側と穴側のテーパー同士を密着させるために、ねじと組み合わせて使うのが一般的です（**図3-2**）。

 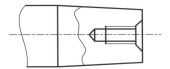

a) おねじとの組み合わせ　　　　　　　b) めねじとの組み合わせ

図3-2 テーパー軸端の形状例

設計のPoint of view……嵌合（かんごう）するテーパーの基準

　凸側と凹側のテーパーを嵌合する場合、テーパー比を指示しても、必ず加工の誤差を生じます。

　できればテーパー面がまんべんなく接すればよいのですが、誤差によって当たりが不安定になるため、大径側を基準として設計します。したがって、**表3-1**に示すように大径側を基本直径として図面指示するとよいでしょう。

テーパーを設計する場合、テーパーの角度は自由に設計することができます。

しかし、加工や検査のことを考えると、JISで規定しているテーパー比から選択するとよいでしょう。なぜなら、規定されたテーパーは、専用のリーマ（穴のテーパーを加工する工具）や検査治具が入手しやすく、トータルコストが下がるからです。

円すいのテーパー比は、JIS B 0612に規定されています。

その中でも一般的に回転軸に用いられるテーパー比1/10円すい軸端は、JIS B 0904に規定されています（図3-3、表3-1）。ここでは、"短軸端"の例を紹介します。

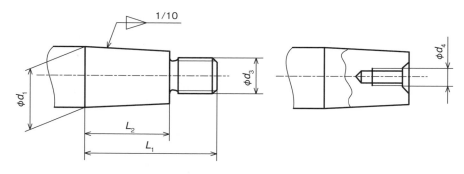

図3-3 テーパー比1/10 の軸端

表3-1　JISが規定するテーパー比1/10の短軸端＜抜粋＞

基本直径 d_1	短軸端		ねじの呼び	
	L_1	L_2	おねじ d_3	めねじ d_4
12	-	-	-	M4
16	28	16	M10×1.25	M4
20	36	22	M12×1.25	M6
22	36	22	M12×1.25	M6
28	42	24	M16×1.5	M8
32	58	36	M20×1.5	M10
40	82	54	M24×2	M12
48	82	54	M30×2	M16

> φ(@°▽°@)　メモメモ
>
> ### テーパー比1/10 とは
>
> テーパー比は、$(D-d)/L$ で計算されます。(D＝大径、d＝小径、L＝長さ）つまり、10mm 長さが変化すると、直径が1mm 変化するという意味です。

第3章	3	円筒溝形状の設計

円筒軸に設ける円周溝は、止め輪やOリングと組み合わせて使用します。

円筒溝の代表的な形状に、次のようなものがあります。
①C形止め輪（別名：スナップリング）用の溝形状
　C形止め輪とは、軸受や歯車などがアキシャル方向（軸線方向）に脱落しないようにするためのリング状の部品で、軸用と穴用が存在します。
　脱落防止のみに使用するため、回転方向の力を止めることはできません。
　また、C形止め輪は軸線方向から挿入できるよう、工具の分も含めた周辺スペースが必要です。
　C形止め輪用の軸の溝形状は、JIS B 2804に規定されています（図3-4、表3-2）。

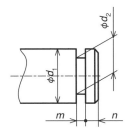

図3-4 C形止め輪（軸用）の形状と溝形状

表3-2 JISが規定するC形止め輪に適用する軸のサイズ＜抜粋＞

呼び	10	12	16	22	25
軸径(d_1)	10	12	16	22	25
溝径(d_2)	9.6	11.5	15.2	21	23.9
許容差	0 -0.09	0 -0.11	0 -0.11	0 -0.21	0 -0.21
溝幅(m)	1.15	1.15	1.15	1.35	1.35
許容差	+0.14 0	+0.14 0	+0.14 0	+0.14 0	+0.14 0
n（最小）	1.5	1.5	1.5	1.5	1.5

円筒軸に使うことは少ないのですが、第4章以降で説明する多面体に、C形止め輪用の穴を設計することが一般的です。
　C形止め輪用の穴の溝形状は、JIS B 2804に規定されています（**図3-5、表3-3**）。

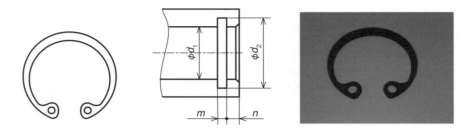

図3-5　C形止め輪（穴用）の形状と溝形状

表3-3　JISが規定するC形止め輪に適用する穴のサイズ＜抜粋＞

呼び	10	12	16	22	25
軸径（d_1）	10	12	16	22	25
溝径（d_2）許容差	10.4	12.5	16.8	23	26.2
	+0.11 0	+0.11 0	+0.11 0	+0.21 0	+0.21 0
溝幅（m）許容差	1.15	1.15	1.15	1.15	1.35
	+0.14 0	+0.14 0	+0.14 0	+0.14 0	+0.14 0
n（最小）	1.5	1.5	1.5	1.5	1.5

呼び	28	30	32	40	42
軸径（d_1）	28	30	32	40	42
溝径（d_2）許容差	29.4	31.4	33.7	42.5	44.5
	+0.21 0	+0.25 0	+0.25 0	+0.25 0	+0.25 0
溝幅（m）許容差	1.35	1.35	1.35	1.90	1.90
	+0.14 0	+0.14 0	+0.14 0	+0.14 0	+0.14 0
n（最小）	1.5	1.5	1.5	2	2

②E形止め輪（別名：Eリング）の形状

E形止め輪とは、軸受や歯車などが抜けないようにするためのリング状の部品です。

C形止め輪と比べて、細い軸からラインナップされ軸用のみが存在します。

脱落防止のみに使用するため、回転方向の力を止めることはできません。

また、E形止め輪は軸の側面方向から挿入できるよう、工具の分も含めた周辺スペースが必要です。

E形止め輪用の軸の溝形状は、JIS B 2804に規定されています（**図3-6**、**表3-4**）。

 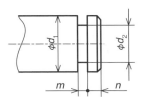 

図3-6 E 形止め輪の形状と溝形状

表3-4　JISが規定するE形止め輪に適用する軸のサイズ＜抜粋＞

呼び	1.2	1.5	2	2.5	3
軸径(d_1)	1.4<d≦2.0	2.0<d≦2.5	2.5<d≦3.2	3.2<d≦4.0	4.0<d≦5.0
溝径(d_2) 許容差	1.23	1.53	2.05	2.55	3.05
	+0.06 / 0				
溝幅(m) 許容差	0.3	0.4	0.5		0.7
	+0.05 / 0				
n(最小)	0.4	0.6	0.8	1.0	

呼び	4	5	6	8	10
軸径(d_1)	5.0<d≦7.0	6.0<d≦8.0	7.0<d≦9.0	9.0<d≦12	11<d≦15
溝径(d_2) 許容差	4.05	5.05	6.05	8.10	10.15
	+0.075 / 0			+0.09 / 0	
溝幅(m) 許容差	0.7		0.9	1.90	1.15
	+0.10 / 0			+0.14 / 0	
n(最小)	1.2			1.8	2.0

第3章　円筒軸の基本形状要素〜軸のその他形状を設計する〜

φ(@°▽°@)　メモメモ

熱処理による溝部の強度への悪影響

　強度を検討する際に注意しなければいけないのが、「硬さ」と「粘り強さ」です。
　これらは背反する関係にあり、硬くなればなるほど折れやすいという特徴を持っています。
　段差や溝のような切り欠き部に外力が加わると、"切り欠き効果（切り欠き部に応力が集中すること）"によって、変形や折損の原因となります。

　例えば、軸などの一部分に焼入れをする場合は、高周波焼入れが一般的に用いられます。
　このとき、近辺の止め輪などの溝部まで焼入れされてしまうと、溝部に応力を受けた場合、溝部で折損する可能性が高くなります。
　溝部の応力を受ける可能性があるという前提ですが、焼入れをする際には、溝部からできるだけ距離を離した位置に指示するか、できない場合は、溝を必要としない構造に変更することを検討しなければいけません。

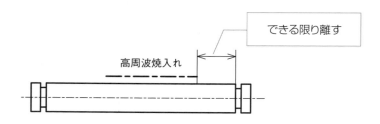

③Oリング溝

Oリングとは環状のゴムで、流体の漏れを防止したり、外部からのほこりや異物の侵入を防止したりするために用いられる密封用の機械要素です。

Oリングは、軸側にも穴（ハウジング）側にも取り付けることができますが、加工や組立の容易性から、一般的に軸にOリングの溝を設けることが多いといえます。

一般的に使用されるOリングの種類は、次の5種類があります。
・運動用Oリング　＜記号　P＞
・固定用Oリング　＜記号　G＞
・真空フランジ用Oリング　＜記号　V＞
・ISO一般工業用Oリング　＜記号　F＞
・ISO精密機器用Oリング　＜記号　S＞

<u>Oリングの呼び番号と内径、太さは、JIS B 2401-1に規定されています</u>（図3-7、表3-5）。

また、Oリングメーカのカタログには、設計上の注意点も多く掲載されているので、参考にされることをお勧めします。

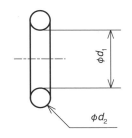

図3-7　Oリング（運動用・固定用）の寸法

表3-5　JISが規定するOリング（運動用または固定用）のサイズ＜抜粋＞

呼び番号	内径 d_1		太さ d_2	
	基準サイズ	許容差	基準サイズ	許容差
運動用　P6	5.8	±0.15	1.9	±0.08
運動用　P14	13.8	±0.19	2.4	±0.09
運動用　P30	29.7	±0.29	3.5	±0.10
運動用　P90	89.6	±0.77	5.7	±0.13
固定用　G30	29.4	±0.29	3.1	±0.10
固定用　G90	89.4	±0.77	3.1	±0.10

Oリングの溝径と溝幅は、JIS B 2401-2に規定されています（**図3-8、表3-6**）。

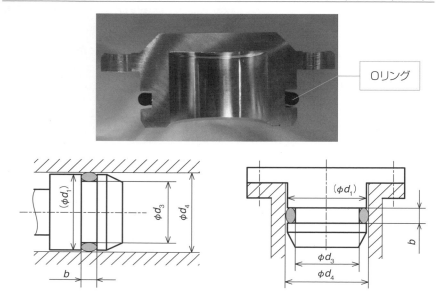

図3-8 Oリング（運動用・固定用）溝の寸法

表3-6 JISが規定する軸のOリング溝のサイズ＜抜粋＞

呼び番号	軸の溝径 d_3		穴径 d_4		軸径 d_1（参考）	溝幅 b（BR*なし）	
	基準サイズ	許容差	基準サイズ	許容差		基準サイズ	許容差
P6	6	0 -0.05	9	+0.05 0	h9 f8 など	2.5	+0.25 0
P14	14	0 -0.06	18	+0.06 0		3.2	
P30	30	0 -0.08	36	+0.08 0		4.7	
P90	90	0 -0.10	100	+0.10 0		7.5	
G30	30	0 -0.10	35	+0.10 0	h9 f8 など	4.1	+0.25 0
G90	90		95				

*BR:バックアップリング

④せぎりの形状

"せぎり"とは、段をつけること、切込みを入れることを意味します。

設計の場面では、セットスクリュー（虫ねじ、いもねじ、止めねじ、ホーローともいう）を使ってローラーや歯車を固定します。このときセットスクリューの先端部によって軸に傷がつくことで、分解する際にローラー内径と傷が引っかかり外せない状態になります。

そこで、傷の影響が出ないように軸にせぎりを施します（図3-9）。

※後述の図3-16に示す軸直角にねじを設けた部品と組み合わせるのが一般的です。

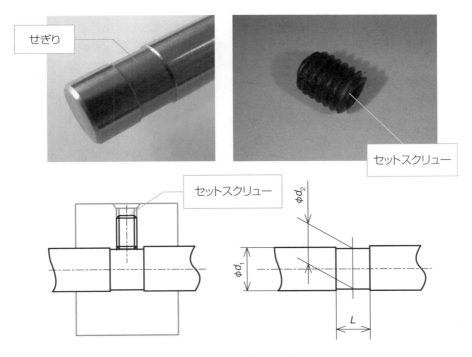

図3-9 せぎりの形状

<u>せぎりのサイズは、JISには明記されていません。</u>
したがって、自分でサイズを決めるしか手段がありません。
私は、d_1 =6～10mm程度の軸のせぎり直径d_2は次のようにしていました。

$$d_2 = d_1 - 0.5$$

L寸法は、ねじの直径サイズに対して、プラスαでよいでしょう。

Dカット

　せぎりは円周に浅い溝を設けることでセットスクリューの先端の傷を補うものでした。メリットとしては、旋盤で加工できることです。

　せぎりと同様の効果を得るものにDカットがありますが、デメリットとして、Dカット部をフライス加工しなければならず、加工工程が増えることによってコスト高になります。

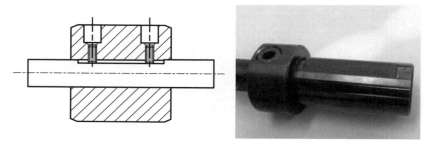

　Dカット加工をすると、素材の残留応力のバランスが崩れて、若干の反りが出る可能性を排除できません。

　そのため、図面には真直度を指示して、反りを満足するように促します。

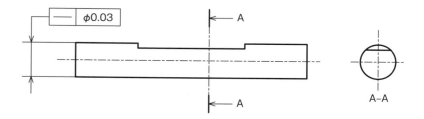

第3章 4 軸直角の穴や ねじ形状の設計

1）軸直角の穴

軸直角に穴を開ける場合、部品の位置決めや歯車やプーリーなどの回転方向の固定、抜け止めに使用するために、ピンを挿入する場合があります。

主に圧入で使用するスプリングピン（別名ロールピンともいう）と、すきまばめで使用する平行ピンがあります（**図3-10**）。

a) スプリングピンの場合

b) 平行ピンの場合

図3-10 軸直角の穴の利用法（1）

①スプリングピン

スプリングピン用の穴のサイズは、JIS B 2808に規定されています（**図3-11、表3-7**）。穴の公差がゆるいため加工コストが安いのが特徴です。

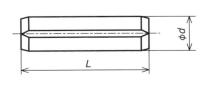

図3-11 スプリングピン

表3-7 JISが規定するスプリングピン（溝付き一般荷重用）のサイズと穴のサイズ

φd	1	1.2	1.4	1.5	1.6	2	2.5
L	4〜10	4〜12	4〜14	4〜14	4〜16	5〜20	5〜25
穴径	φd + H12						
φd	3	4	5	6	8	10	13
L	6〜32	8〜40	10〜50	12〜63	16〜80	18〜100	22〜140
穴径	φd + H12						

②平行ピン

平行ピンのサイズは、JIS B 1354に規定されますが、平行ピン用の穴のサイズは、JISには明記されていません（**図3-12、表3-8**）。

平行ピンの直径の公差クラスはm6とh8の2種類があり、m6（プラス公差）の方は圧入で、h8（マイナス公差）の方はすきまばめで使うことが前提と思われます。

図3-12 平行ピン

表3-8 JISが規定する平行ピンのサイズ＜抜粋＞

ϕd (m6、h8)	0.6	0.8	1	1.2	1.5	2
L	2〜6	2〜8	4〜10	4〜12	4〜16	6〜20
ϕd (m6、h8)	2.5	3	4	5	6	8
L	6〜24	8〜30	8〜40	10〜50	12〜60	14〜80

φ(@°▽°@) メモメモ

JIS B 1354：2012 平行ピン

平行ピンを手配する場合、JISによると次のように明記して手配します。

・呼び径 d=6mm、公差域クラス m6 で、呼び長さ L=30mm の硬化処理を施さない鋼製の平行ピンの場合
　　平行ピン JIS B 1354−ISO2338−6m6×30−St

・呼び径 d=6mm、公差域クラス m6 で、呼び長さ L=30mm の焼入れ焼き戻しを施した S45C 鋼製の平行ピンの場合
　　平行ピン JIS B 1354−6m6×30−St−S45C−Q

・呼び径 d=6mm、公差域クラス m6 で、呼び長さ L=30mm の硬化処理を施さない鋼種区分 A1 オーステナイト系ステンレス鋼製の平行ピンの場合
　　平行ピン JIS B 1354−ISO2338−6m6×30−A1

※以前は、サイズ公差や表面粗さ、面取り形状の差によって、A種B種C種と分類されていましたが、2012年にJISが改訂され上記のように変更されました。

③割りピン

　割りピンとは、ねじのゆるみや脱落を防止するために、ボルトやナットに開けた小さな穴などに挿入した後、先端を開いて使うピンをいい、材質には鋼製や黄銅製、ステンレス製があります（図3-13）。

a) ナットのゆるみ止め

b) ナットの脱落防止

図3-13 軸直角の穴の利用法（2）

割りピン用の穴のサイズは、JIS B 1351に規定されています（図3-14、表3-9）。

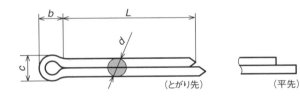

図3-14 割ピンのサイズ

表3-9 JIS が規定する割りピンを適用するねじサイズと穴のサイズ＜抜粋＞

	呼び径	1	1.2	1.6	2	2.5	3.2	4
d	基準寸法	0.9	1	1.4	1.8	2.3	2.9	3.7
	許容差	0 / -0.1				0 / -0.2		
c	基準寸法	1.8	2	2.8	3.6	4.6	5.8	7.4
	許容差	0 / -0.1	0 / -0.3	0 / -0.4	0 / -0.6	0 / -0.7	0 / -0.9	
b	約	3	3	3.2	4	5	6.4	8
長さL (参考)		6〜20	8〜25	8〜32	10〜40	12〜50	14〜63	18〜80
適用するボルト径	を超え	3.5	4.5	5.5	7	9	11	14
	以下	4.5	5.5	7	9	11	14	20
ピン穴径		1	1.2	1.6	2	2.5	3.2	4

④スナップピン

　スナップピンとは、ナットやローラーなどの脱落防止に用いられ、ペンチなどを使ってワンタッチで脱着できる機械要素です。

　スナップピン用の穴のサイズは、JIS B 1360に規定されています（**図3-15**、**表3-10**）。

　ここでは、「円弧部抜け止めタイプSPA1ピン」のサイズを示します。

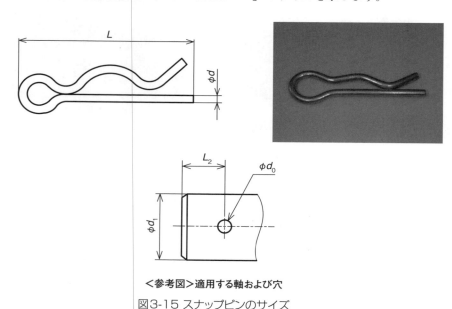

＜参考図＞適用する軸および穴

図3-15 スナップピンのサイズ

表3-10 JIS が規定するスナップピンのサイズと適用する軸のサイズ

呼び	円弧部抜け止めタイプ SPA1		適用する軸及び穴（参考）		
	d （基準サイズ）	L （約）	軸径 d_1	穴径 d_0	端面距離 L_2 （最小）
4	1.0	16.3	4.0	1.2	3.0
5		17.9	5.0		3.5
6	1.2	21.2	6.0	1.5	4.0
8	1.6	27.7	8.0	1.9	5.0
10	1.8	32.6	10.0	2.2	6.0
12		35.8	12.0		7.0
14	2.0	40.6	14.0	2.4	8.0

2）軸直角のねじ

　軸直角にめねじを加工する場合、セットスクリューを使って金属製の歯車やプーリーなどの固定用として利用します。

　このとき、CADで形状作成の手間を惜しんで無駄に長いねじを設計すると、加工時間と組立時間がかかりコストは上がるばかりです。この場合、ねじの有効長さが必要十分になるよう、"ざぐり"を施すとよいでしょう（**図3-16**）

※前述の図3-9に示すせぎりを設けた部品と組み合わせるのが一般的です。

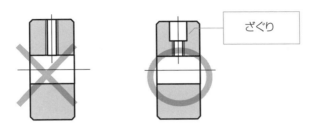

図3-16 ざぐりによってねじの有効長さを調整した形状

　軸直角にめねじを設けて固定する場合、1か所のねじだけでは回転トルクに負けてスリップする恐れがあります。このような場合は複数のねじを使うのですが、ねじの数と配置に注意しなければいけません。ねじによって軸を円筒内面に押し付ける構造にしなければ、軸とセットスクリューがスリップする恐れがあります（**図3-17**）。

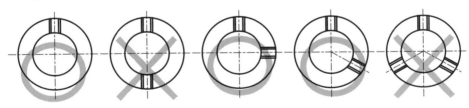

図3-17 円周上のねじの配置

φ(@°▽°@) メモメモ

ざぐりの図面指示

　JIS製図において、ざぐりの記号が世界標準として使用されています。

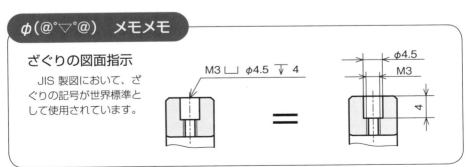

第3章　円筒軸の基本形状要素〜軸のその他形状を設計する〜

3）複数の穴やねじ穴を持つ軸の注意点
①固定軸の荷重のかかる向き

　固定軸として使用する場合、荷重に対して穴は直角の位置になるよう配置することで、応力集中を避けることができます。

　軸は荷重の方向に対して、上側に引張り応力を、下側に圧縮応力を受けます。このとき、荷重と平行に穴があると、穴の端面に応力を受けることになり強度が低くなってしまいます。

　逆に、荷重と直角に穴があると、穴の端面は中立面に存在することになり、基本的に応力がかかりません（**図3-18**）。

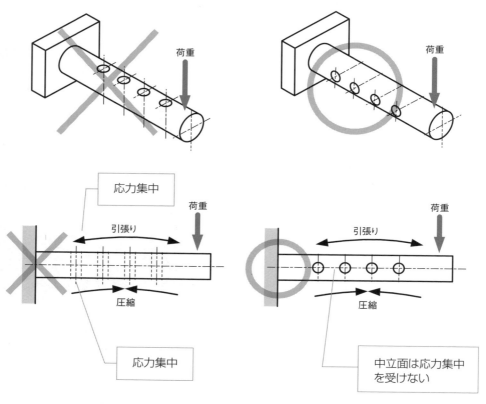

a) 荷重と平行に開けた穴の場合　　　　　b) 荷重と直角に開けた穴の場合

図3-18 固定軸の軸直角に開けた穴の向きの違い

②複数の穴やねじ穴の位相の管理

　回転軸、固定軸を問わず、軸直角に複数の穴をあける場合、加工の容易性から同一方向に統一して設計します。また、個別にプーリーなどを組めればよいという場合は、各穴の位相ずれは問題になりません。

　このような場合、注記として「各穴の位相ずれは不問とする」などのように記載すれば、加工者は各穴の回転方向の位相ずれに気を使わずに加工でき、コストダウンにつながります。

　逆に、複数の穴の位相ずれを規制する場合、幾何公差の位置偏差（対称度や位置度）を付与しなければいけません（図3-19）。

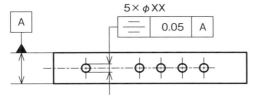

a) 平行に開けた穴の位相を重要視しない場合

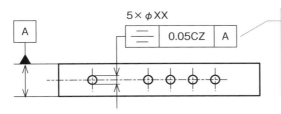

b) 平行に開けた穴の位相を重要視する場合

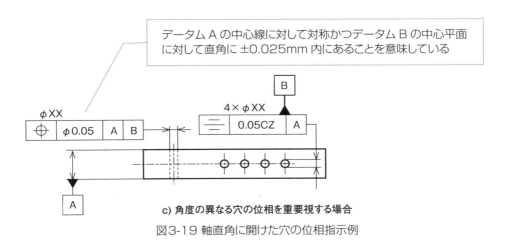

c) 角度の異なる穴の位相を重要視する場合

図3-19 軸直角に開けた穴の位相指示例

③ 2部品を貫く穴やねじ

2部品を貫通する穴やねじは、個別に加工すると位置ずれなどによって、2部品を組んだ後にピン打ちやねじ止めすることが難しくなります（**図3-20**）。

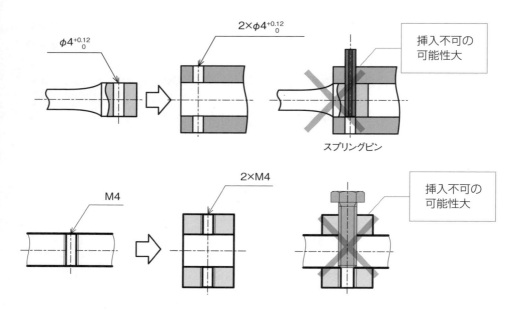

図3-20 個別に穴やねじを加工した場合

このような場合、図面に「合わせ加工」を指示すれば、穴やねじは位置ずれすることなく加工できるため、ピン打ちやねじ固定の組立を保証できます（**図3-21**）。
※多面体の場合は、第5章の図5-4で解説しています。

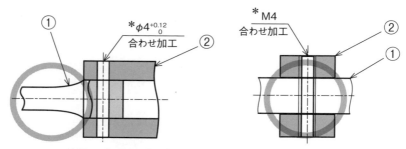

注記：＊印寸法は①を②に挿入した後、合わせ加工すること。

図3-21 穴やねじに「合わせ加工」を指示した例

もし、設計や組立の都合上で合わせ加工ができない場合、一方の形状に逃がし穴を設けるしかありません（**図3-22**）。

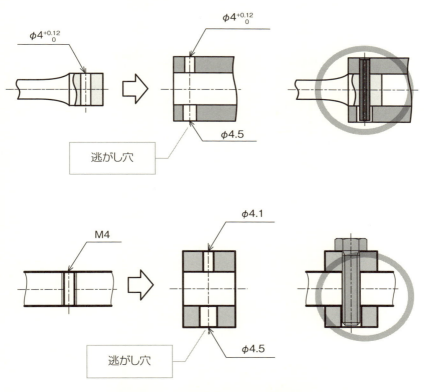

図3-22 一方の形状に逃がしを設計した例

軸直角のねじ穴にボルトを挿入して部品を固定する場合、ボルトの座面が円弧形状のままでは、ねじゆるみの原因となります。このような場合、コストは高くなりますがフライス加工によって座面を平らにするような形状にしなければいけません（**図3-23**）。

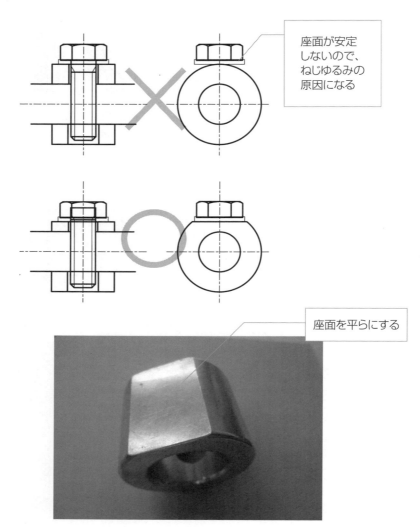

図3-23 座面を設けた形状例

第3章のまとめ

第3章で学んだこと
　軸の途中に円筒溝を付けたり、軸直角の穴をあけたりすることは設計上よく使う形状になります。止め輪やスプリングピンなどJIS規格で決まっているものもたくさん存在することを学習しました。

わかったこと
◆テーパー形状はガタがないため精度の高い嵌合ができる（P63）
◆部品の抜け止めには止め輪が使われる（P65）
◆止め輪にはC形止め輪やE形止め輪がある（P65、P66、P67）
◆C形止め輪は軸用と穴用がある（P65、P66）
◆E形止め輪は軸用しかない（P67）
◆Oリングは機能によって太さが異なる（P69）
◆軸表面にねじ先を押し当てるときにはせぎりが効果的（P71）
◆軸直角にピンを固定するならスプリングピンが安価（P73）
◆軸直角のねじ加工はざぐりを活用して適切な長さにする（P77）
◆軸直角の穴は応力の方向に注意する（P78）
◆軸直角にボルトを使う場合は、座面を設ける（P82）

次にやること
　円筒の軸形状以外に多面体（四角いブロックから様々な任意の形状）があります。まずは角材のサイズの決め方や強度について知りましょう。

第4章

多面体の基本形状要素
～基本サイズの決め方・考え方～

多面体で形状を作るときに
何に注意したらええのかわからへん！

(ノ≧o≦)ノ ┤・∵。

円筒形状では構造や機能を満足させる形状が
できない場合に、多面体形状で設計します。
まずは、鋼材や角材のサイズなどを知識として
習得しましょう。

(*￣∀￣)"b" チッチッチッ

4-1	鋼材のサイズ
4-2	角材サイズの決め方・考え方
4-3	角材のサイズと強度との関係

第4章	1	鋼材のサイズ

　円筒形状は一般的に旋盤で加工するため、円筒面と両端面の3面の加工で済むので、安価に部品を製作することができることを知りました。

　多面体形状のうち6面体（立方体や直方体：以降、角材と呼ぶ）は、一般的にフライス盤で加工するため、6面を削る必要があり、円筒形状に比べると加工時間がかかり、サイズ公差や幾何特性の精度を上げることも難しく、コスト高になります（図4-1）。

 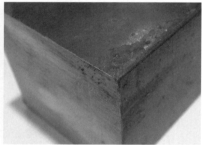

図4-1 角材の素材状態

　JISで規定されている中で、代表的な鋼の標準素材サイズを示します。
　一般構造用圧延鋼材の標準素材サイズは、JIS G 3193に規定されています（**表4-1**）。
　ここでは、一般的によく使われるSS400のサイズを示します。

表4-1　JISが規定する一般構造用圧延鋼材の素材状態の鋼板のサイズ＜抜粋＞

標準の板厚	SS400など	1.2 1.4 1.6 1.8 2.0 2.3 2.5 2.8 3.2 3.6 4.0 4.5 5.0 5.6 6.0 6.3 7.0 8.0 9.0 10.0 11.0 12.0 12.7 13.0 14.0 15.0 16.0 18.0 19.0 20.0 22.0 25.0 25.4 28.0 32.0 36.0 38.0 40.0 45.0 50.0
鋼板の幅		600 630 670 710 750 800 850 900 914 950 1000 1060 1100 1120 1180 1200 1219 1250 1300 1320 1400 1500 ……
鋼板の長さ		1829 2438 3048 6000 6096 7000 8000 9000 9144 10000 12000 12192

機械構造用炭素鋼の標準素材サイズは、JIS G 4051に規定されています（**表4-2**）。

表4-2　JISが規定する機械構造用炭素鋼材の素材サイズ

角鋼 （対辺距離）	S25C S45Cなど	40 45 50 55 60 65 70 75 80 85 90 95 100 (105) 110 (115) 120 130 140 150 160 180 200

※括弧付き以外の標準寸法の適用が望ましい。

熱間圧延ステンレス鋼板及び鋼帯の標準素材サイズは、JIS G 4304に規定されています（**表4-3**）。

表4-3　JISが規定する熱間圧延ステンレス鋼板及び鋼帯の素材サイズ

板の厚さ	SUS304 など	2.0 2.5 3.0 4.0 5.0 6.0 7.0 8.0 9.0 10.0 12.0 15.0 20.0 25.0 30.0 35.0
帯の厚さ		2.0 2.5 3.0 4.0 5.0 6.0 7.0 8.0 9.0

鋼板とは製品納品時に板状で納入されるものをいい、鋼帯とはロール状に丸めて納入されるものをいいます。

これらの素材は、材料メーカーから納品される時点のサイズであるため、表面に黒皮（熱間加工に伴う黒ずんだ硬い酸化被膜）や傷などがあると考えられます。

したがって、素材形状を最低でも数mmは削ってから部品を製作します。ただし、部品の見た目を気にせず、機能上で問題なければ、納品状態のままの表面で使用しても構いません。このような場合は、図面上で「除去加工の有無を問わない」記号を指示しなければいけません。

第1章の図1-10で示した「除去加工しない」記号は、絶対加工してはいけないという指示でした。

角材の場合、要求する形体を加工するために機能的に不要な面を加工基準として利用する可能性もあるため、あえて条件を緩くする場合に、「除去加工の有無を問わない」記号を使えばよいのです（**図4-2**）。

図4-2 除去加工の有無を問わない記号

| 第4章 | 2 | 角材サイズの
決め方・考え方 |

1) 角材の外形サイズの決め方

第1項で鋼材のサイズを確認しましたが、実際に部品の外形サイズを決める際の考え方を紹介します。ただし、これは大きな部品に適用する際の考え方です。

鋼材の面を削る工具に正面フライス(フェイスミル、フルバックカッターとも呼ぶ)があります。この正面フライスの加工効率を考えることで、大きな部品の基本サイズが決まります(**図4-3、表4-4**)。

図4-3 正面フライス

表4-4 市販されている正面フライスの代表的な直径

| φD | 80 | 100 | 125 | 160 | 200 | 250 | 315 |

正面フライスの直径より少し小さめのサイズにすることで、正面フライスが通るルート(工具パスという)が最低限の動きで済み、コストダウンに寄与するのです(**図4-4**)。

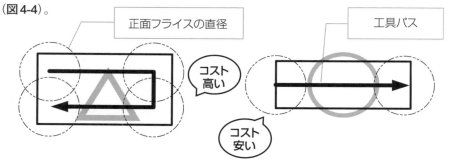

図4-4 正面フライスの工具パス

設計の Point of view……角材のサイズの決め方

　円筒軸以外に角材にも第1章で紹介した"標準数"を利用することができます。
　角材の場合、「幅（W）・高さ（H）・奥行き（D）」の数値を標準数で設計すると、体積も標準数になります。

例）　　$W：40\mathrm{mm}$　　$H：16\mathrm{mm}$　　$D：25\mathrm{mm}$ の場合、体積 $V = 16000\mathrm{mm}^3$

　　　　$W：40\mathrm{mm}$　　$H：16\mathrm{mm}$　　$D：10\mathrm{mm}$ の場合、体積 $V = 6400\mathrm{mm}^3 \fallingdotseq 6300\mathrm{mm}^3$

　　　　$W：40\mathrm{mm}$　　$H：16\mathrm{mm}$　　$D：64\mathrm{mm}$ の場合、体積 $V = 40320\mathrm{mm}^3 \fallingdotseq 40000\mathrm{mm}^3$

　標準数はシリーズ化を考える製品にとって、体積まで含めて統一感をもってサイズアップやサイズダウンを図ることができるのです。

2）切削加工の普通許容差

　角材の加工とは、フライス盤などで厚みや長さを切削加工することです。
　個々に公差指示のないサイズ寸法に適用するものを"普通許容差（一般公差、普通公差とも呼ぶ）"といいます。

　除去加工における長さの普通許容差は、JIS B 0405に規定されています（**表4-5**）。
　「これらの公差は、金属以外の材料に適用してもよい」とJISで規定されています。

表4-5　JISが規定する角材の長さの普通許容差

サイズの区分	f（精級）	m（中級）	c（粗級）	v（極粗級）
0.5以上3以下	±0.05	±0.1	±0.2	-
3を超え6以下	±0.05	±0.1	±0.3	±0.5
6を超え30以下	±0.1	±0.2	±0.5	±1
30を超え120以下	±0.15	±0.3	±0.8	±1.5
120を超え400以下	±0.2	±0.5	±1.2	±2.5
400を超え1000以下	±0.3	±0.8	±2	±4
1000を超え2000以下	±0.5	±1.2	±3	±6
2000を超え4000以下	-	±2	±4	±8

※この表は、表1-3の円筒軸の切削加工の普通許容差と同じです

　例えば、普通許容差m（エム）級を適用する企業の場合、次に示す角材の長さは図示サイズに対して±0.3のばらつきを許容することになります（**図4-5**）。

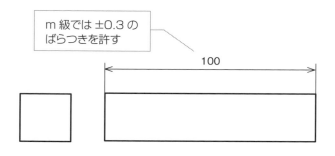

図4-5　角材を切削加工した場合の普通許容差

第4章 3 角材のサイズと強度との関係

物体が引張りや圧縮、せん断の外力（荷重）を受けると、それに抵抗する力が発生します。この抵抗する力を応力と呼び、応力が大きくなるほど材料にストレスがかかり、変形や破損のリスクが高くなります。

1) 引張り応力、圧縮応力、せん断応力

引張り・圧縮応力とは、角材や円筒軸、板などの長手方向に力を加えたときに生じる応力をいい、せん断応力とは、角材や円筒軸が厚み方向にずれる際に生じる応力のことです（図4-6）。

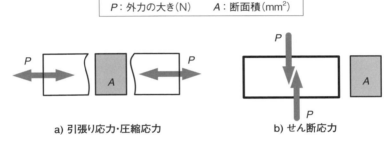

図4-6 外力により生じる応力

単位面積当たりの引張り、または圧縮応力は σ（シグマ）で示し、次式で表されます。

$$\sigma = \frac{P}{A} \ (\text{N/mm}^2)$$

単位面積当たりのせん断応力は、τ（タウ）で示し、次式で表されます。

$$\tau = \frac{P}{A} \ (\text{N/mm}^2)$$

設計のPoint of view……断面積と引張り・圧縮強度、せん断強度の関係
同じ荷重を受けても断面積が大きいほど、応力（抵抗する力）は少なくて済むことがわかります。つまり、断面積が大きくなるのに比例して、引張りや圧縮、せん断に強い角材になるのです。

2) 曲げ応力（圧縮・引張り応力の組み合わせ）

　曲げ応力とは、角材や円筒軸、板などに曲げ力を加えたときに発生する応力のことです。曲げによって、凸側に引張りが生じ、凹側に圧縮が生じます。

　片持ちばり（一端を固定し、他端を自由にした柱状の部材）の自由端に外力Pをかけると、このはりにかかるモーメント（物体を回転させる力）Mは固定端で最大となり、次式で表されます（図4-7）。

M：モーメント(N·mm)　P：外力の大きさ(N)　L：作用点までの距離(mm)

$$M = P \times L \text{ (N·mm)}$$

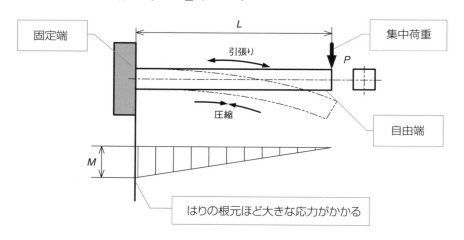

図4-7 片持ちばりのモーメント図

　片持ちばりで固定端側の根元に生じる応力 σ（シグマ）は、次式で表されます。

σ：はりの根元にかかる最大応力　M：モーメント(N·mm)　Z：断面係数

$$\sigma = \frac{M}{Z} \text{ (N/mm}^2\text{)}$$

設計のPoint of view……片持ちばりの特徴

　上記のような片持ちばりでは、固定側に応力が集中するため、先端の形状は強度的に重要性を持ちにくいことが理解できると思います。つまり、軽量化や減肉するには、先端部の方が安全ということです。

基本的な角材形状の断面係数の一例を示します（**表4-6**）。

表4-6　基本的な角材形状の断面係数の一例

断面形状	断面係数Z	断面形状	断面係数Z
（正方形, 一辺 h）	$\dfrac{h^3}{6}$	（長方形, 幅 b, 高さ h）	$\dfrac{bh^2}{6}$

角材の断面係数は次式で表され、荷重の方向によって幅bと厚みhが入れ替わるため、断面係数に依存することがわかります（**図4-8**）。

Z：断面係数(mm³)　　h：荷重方向の長さ(mm)　　b：荷重と直角方向の長さ(mm)

$$Z = \frac{bh^2}{6} \text{ (mm}^3)$$

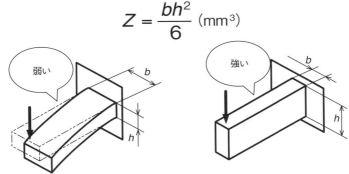

図4-8　角材が受ける荷重の方向による剛性の違い

設計のPoint of view……断面積と荷重の方向と曲げ強度の関係

角材の場合、断面積に加えて荷重方向の長さが長くなるほど断面係数Zは大きくなります。同じ断面形状でも荷重をかける向きによって、たわみやすさが異なるので、荷重の向きを意識して設計しなければいけません。

φ(@°▽°@)　メモメモ

円筒軸と角材の違い

限られたスペースの中で設計するのであれば、断面係数は円筒軸より角軸の方が大きくなり、1.7倍強くなります。

角軸：$\dfrac{h^3}{6}$　　円筒軸：$\dfrac{\pi}{32}h^3$

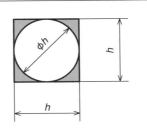

第4章　多面体の基本形状要素〜基本サイズの決め方・考え方〜

3）ねじり応力（せん断応力の一種）

　ねじり応力とは、ある指定のトルクを受ける材料に生じるせん断応力のことをいいます。円筒軸と同様に角材のねじれによる変形は、せん断ひずみです。
角材にねじりを加えた場合に生じる応力は、次式で表されます。断面が正方形の場合、$a = b$とします。k_1は係数です（**図4-9、表4-7**）。

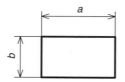

$a > b$ の条件とする（向きは不問）

図4-9　ねじれによる変形

τ：せん断応力　　k_1：係数　　T：角材に与えるトルク（N·mm）　　a：長辺　　b：短辺

$$\tau = \frac{1}{k_1} \frac{T}{ab^2} \text{ (N/mm}^2\text{)}$$

表4-7　k_1の値

a/b	1.0	1.5	2.0	2.5	3.0	4.0	6.0	8.0	10.0	∞
k_1	0.208	0.231	0.246	0.258	0.267	0.282	0.298	0.307	0.312	0.333

設計のPoint of view……断面積とねじり強度

　取り付けの向きに拘わらず断面積が大きくなるほど、ねじれによるせん断応力は小さく（ねじりに対して強く）なります。

ϕ(@°▽°@)　メモメモ

四角材と三角材の違い

　三角材のねじれによる最大せん断応力 τ は次式で与えられ、正方形のねじりに対して弱く（数値が大きく）なることがわかります。

正方形：$\dfrac{4.8T}{a^3}$　　直角二等辺三角形：$\dfrac{17.58T}{a^3}$　　正三角形：$\dfrac{20T}{a^3}$

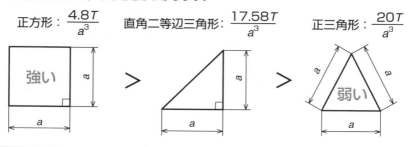

φ(@°▽°@) メモメモ

強度設計の一考察（1）…強度や剛性を保証する形状を考案する

例えば、橋の構造を考える際、アーチ橋の構造を選択することが一般的です。

これは、外力による荷重に加えて自重により作用する下向きの荷重が、アーチ構造部材の内部において圧縮力に変換され両端の支点へ伝達されるため、一様な圧縮力だけを受けるため、剛性が高くなるからです。

反面、構造物に高さを必要とすることがデメリットとなります。

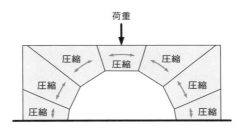

アーチ構造に対して、板を橋渡ししただけの構造は、高さを低く抑えることができるメリットが生まれます。

しかし、外力による荷重に加えて自重により作用する下向きの荷重が、曲げモーメントとなってたわみが生じ、内部において圧縮と引張の応力が発生し、剛性が弱くなります。

しかし、橋渡ししただけの構造でも、橋桁の下に補強リブを加えることで剛性を上げることができます。

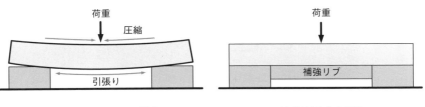

a) 橋渡ししただけの構造　　　　b) リブを追加した構造

このように、設計構造に正解はなく、与えられた空間の中で、いかに最適解を見つけることができるかが、設計の醍醐味なのです。

φ(@°▽°@)　メモメモ

強度設計の一考察（2）…あえて壊すという選択肢も知る

　機械設計は、常に強度を考えて、変形しにくいように壊れないように安全率を設けて設計することが一般的です。
　しかし、想定外の負荷（システムの誤動作による暴走や外部からの衝突など）が生じた際に、ある特定の部分を壊すことで人や機械の安全を確保することもできます。
　身近な製品では、自動車の衝突安全ボディのように、衝撃が加わったときにフレームの特定箇所が座屈することで、乗員に対する衝撃を緩和するものです。
　つまり、電気回路でいうヒューズの役割と同じですね。

　衝撃などの大荷重がかかる方向を考えて、構造物に次のような細工を施すこともあります。
　・破壊したい部位に溝などの切り欠きを設ける
　・破壊したい部位の肉厚を極端に薄くする
　・破壊したい部位に強度の弱い材料を用いる

> へ〜！
> あえて、壊す設計をすることも設計テクニックの一つなんか!!

第4章のまとめ

第4章で学んだこと
　多面体形状のうち角材のサイズを決める際の考え方を知りました。公式を知ることで形状の強度に関する内容も学習しました。

わかったこと
◆6面体は円筒形状に比べるとコスト高になる（P86）
◆鋼材は鋼板と鋼帯がある（P87）
◆角材のサイズに標準数を使うと、体積まで比例する（P89）
◆大きな部品の基本サイズは工具直径から決めることもできる（P88）
◆角材の普通許容差は、円筒軸の普通許容差と同じ（P90）
◆断面積と荷重方向の長さが長いほど強くなる（P93）
◆曲げに関しては、荷重の方向によって断面係数が変わる（P93）
◆断面積が大きいほどねじり応力に強くなる（P94）
◆三角材より四角材の方がねじり強度は強い（P94）
◆与えられた空間の中で、強度や剛性を保証する最適形状を作る（P95）
◆あえて壊すことも安全設計の一つのテクニック（P96）

次にやること
　多面体形状を部品として使用するには、取り付け面が必要です。取り付け面を設計する際の注意点やフランジ形状、角や隅の丸みの付け方を知りましょう。

第5章

多面体の基本形状要素
～外郭形状を設計する～

多面体の外郭形状って、何を根拠に決めたらええのかわからへん！

(ノ≧o≦)ノ ┤゜・∵。

多面体の外郭形状の設計は、特に決まりごとがあるわけではないので、加工できる形状であれば、ほぼ自由に設計することができるのです。

(*￣∀￣)"b" チッチッチッ

5-1	平面形状の設計
5-2	取り付け用フランジ形状の設計
5-3	角の面取り、角の丸みの設計
5-4	隅の丸みの設計

第5章 1 平面形状の設計

多面体に平面形状(逃がし面は除く)を設計する場合、相手部品を取り付ける面としての機能が多いといえます。

このとき、広い面積ほど安定した取り付け面が得られそうな気がしますが、実は面積が広いほど加工時に生じる熱の影響によって平面度は悪くなり、安定した取り付けが難しくなるのです。

具体的な面積の大きさに規定はありませんが、部品のサイズに対して取り付け面積が広いと感じた場合、"肉盗み"を行い、接触面の面積を減らします(**図5-1**)。

なぜなら、接触面の面積が小さくなることによって、加工熱による変形の影響が小さくなるからです。肉盗みの量に決まりごとはありません。肉盗み部は粗削りで加工できるため、0.5mm～数mm程度の段差を付けてもコストへの影響はほとんどありません。

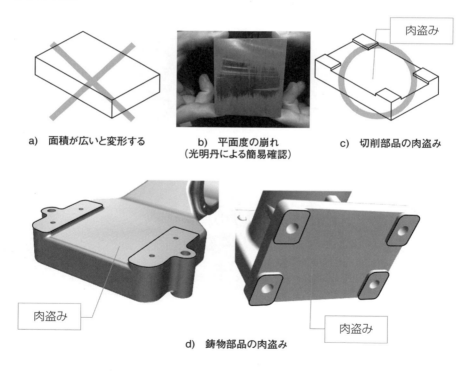

a) 面積が広いと変形する
b) 平面度の崩れ(光明丹による簡易確認)
c) 切削部品の肉盗み
d) 鋳物部品の肉盗み

図5-1 肉盗みの例

設計のPoint of view……平面形体を支持する原理原則

　一般的に取り付け面は平面形体ですから、取り付け面は必ず3点支持することが設計の原理原則です。
　4点以上の支持点があると、ばらつきによって3点を超える支持点は同一平面上に配置できないからです（**図5-2**）。

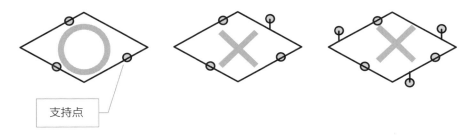

図5-2　平面を受ける場合の設計の原理原則

　3点で部品の取り付けを支持する場合、3点のピッチ距離はできる限り広くすることで安定し、水平も出しやすくなります。
　ただし、部品ではなく装置の取り付け脚などは、外乱（地震による揺れの想定、移動による振動、人の操作による外力など）に対して強くするために4点で受ける構造が多いといえます。
　4点で取り付けを受ける場合は、4点の段差を限りなくなくすように取り付け面の精度を上げるか、1か所を調整式にする必要があります。
　しかし、実際は装置の剛性が低くねじれるために、調整しない装置も数多くあります。

φ(@°▽°@)　メモメモ

計測器の取り付け脚

　検査課にある様々な計測器の取り付け脚を確認してみてください。
　多くの計測器には4つの脚があり、取り付けガタをなくすとともに水平を保つように脚部に調整ねじがついている場合がほとんどだと思います。
　また、4つの脚ではガタが発生することから、3つの脚の計測器も存在します。

設計のPoint of view……離れた形体を一つの公差域に抑えるテクニック

　溝などで分断された形状は、CAD上では同一面として設計します。

　しかし、図面上では同一面の分断された形体は別形体として扱うため、同一面として加工されたり同一面として検査されたりするとは限らないのです。

　したがって、図5-1 c）やd）の形状で設計しても、離れた形体の面は許容される寸法の範囲の中で高さや傾きのばらつきが生じてしまいます。

　このような場合、離れた形体を同一面として加工し、同一面として検査してもらう設計意図を表すために、図面の中で幾何公差とともに文字記号「CZ」を指示しなければいけません（**図5-3**）。

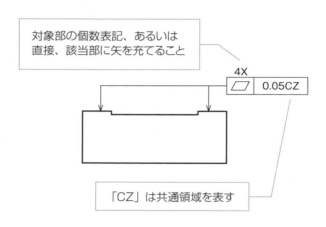

図5-3 平面度を共通領域として指示した例

φ(@°▽°@)　メモメモ

CZ（Common Zone）　＜参考＞最新のISOで「Combined Zone」に変更されました。

　JIS B 0021の規約の中で、いくつかの離れた形体に対して一つの公差域を適用する場合には、公差記入枠の中の公差値の後ろに文字記号"CZ（共通領域）"を記入します。

1つの部品の中で離れた形体の高さや位置を合わせたい場合は、幾何特性に文字記号「CZ」を付与することで同時加工を促すことができるため、ほぼ同一面に仕上がることを知りました。
　しかし、異なる2部品の高さや位置を合わせたい場合は、「CZ」を指示することができないため、それぞれの部品の精度を幾何特性の位置偏差を使って厳しく規制せざるを得ません。
　このような場合は、完全な同一面を得るために、図面上で「合わせ加工」を指示すればよいのです（図5-4）。

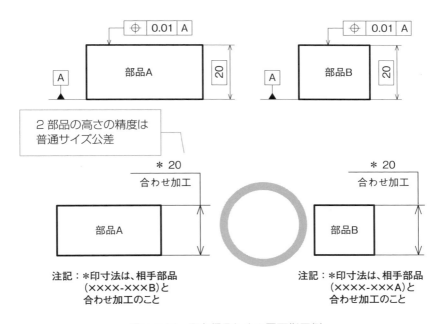

図5-4 同一面を得るための図面指示例

前ページで紹介した"合わせ加工"のイメージを確認しましょう（図5-5）。

　a）2部品を同時に固定　　　　b）合わせ加工開始　　　　　c）合わせ加工終了

図5-5 同一面を得るための加工例

|設計のPoint of view……冶具や計測補助具にも用いられる"合わせ加工"|

　冶具や計測の際に使われる補助具のVブロックや平行台（パラレルゲージ）は、2個セットで販売されている場合があります。

　例えば、VブロックのV面や平行台の高さは、合わせ加工によって2部品を同時に面仕上げしているため、面のずれはありません。

　このテクニックは、穴に対しても使うことができます。組み立て精度や機能を満足させるために大変便利なテクニックですので、覚えておきましょう。

　※円筒軸の場合は、第3章の図3-21で解説しています。

第5章 2 取り付け用フランジ形状の設計

鋳物や配管部品の取り付け部の"つば"のような形体をフランジと呼びます。

フランジの中央部には、軸などを貫通させたり、液体や気体を通したりする穴が開いています。

その穴を基準にして、その周辺にねじ固定するための"つば"を設計形状として作ります。

フランジ形状には、円筒形状以外にさまざまな形状があります（図5-6）。

図5-6 様々なフランジの形状例

管用フランジの形状は、自由に設計することができます。しかし、JISによって次のような規格が制定されていますので、参考にすることもできます。

- ・JIS B 1451　フランジ形固定軸継手
- ・JIS B 1452　フランジ形たわみ軸継手
- ・JIS B 2220　鋼製管フランジ
- ・JIS B 2239　鋳鉄製管フランジ
- ・JIS B 2240　銅合金製管フランジ
- ・JIS B 2241　アルミ合金製管フランジ
- ・JIS B 2290　真空装置用フランジ

JISが規定するフランジの寸法は、材質や呼び圧力によって変化します。
JIS B 2220に規定される、鋼製管フランジの呼び圧力5K用のフランジ寸法を示します（図5-7、表5-1）。

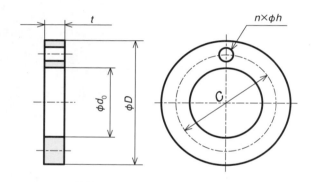

図5-7 鋼製管の呼び圧力5K用のフランジの寸法

表5-1 JISが規定する鋼製管の呼び圧力5K用のフランジの寸法＜抜粋＞

呼び	内径 d_0	外径 D	基準円直径 C	ボルト穴径 h	ボルトサイズ	ボルト本数 n	フランジ厚 t
10	17.8	75	55	12	M10	4	9
15	22.2	80	60	12	M10	4	9
20	27.7	85	65	12	M10	4	10
25	34.5	95	75	12	M10	4	10
32	43.2	115	90	15	M12	4	12
40	49.1	120	95	15	M12	4	12

JIS B 2239に規定される、鋳鉄製管フランジの呼び圧力5K用のフランジ寸法を示します（**表5-2**）。

鋼製管フランジとの違いは、"内径d_0"のみです。

表5-2 JISが規定する鋳鉄製管の呼び圧力5K用のフランジの寸法＜抜粋＞

呼び	内径 d_0	外径 D	基準円直径 C	ボルト穴径 h	ボルトサイズ	ボルト本数 n	フランジ厚 t
10	10	75	55	12	M10	4	9
15	15	80	60	12	M10	4	9
20	20	85	65	12	M10	4	10
25	25	95	75	12	M10	4	10
32	32	115	90	15	M12	4	12
40	40	120	95	15	M12	4	12

JIS B 2241に規定される、アルミ合金製管のフランジの呼び圧力5K用のフランジ寸法を示します（**表5-3**）。

鋼製管フランジとの違いは、"内径d_0"と"フランジ厚t"のみです。

表5-3 JISが規定するアルミ合金製管の呼び圧力5K用のフランジの寸法＜抜粋＞

呼び	内径 d_0	外径 D	基準円直径 C	ボルト穴径 h	ボルトサイズ	ボルト本数 n	フランジ厚 t
10	17.3	75	55	12	M10	4	12
15	21.7	80	60	12	M10	4	12
20	27.2	85	65	12	M10	4	12
25	34	95	75	12	M10	4	12
32	42.7	115	90	15	M12	4	14
40	48.6	120	95	15	M12	4	14

フランジの形状は、円筒以外にボルト穴の数や配置に合わせて、様々な形状のものを設計することができます。
　例えば、鋼やアルミ合金を切削加工によって、フランジ形状を作る場合の形状例を示します。切削加工の場合は、加工の容易性から直線形状を基本に設計することになります。フランジサイズや角の面取りサイズの目安は、ボルト穴やねじなどの周辺の肉厚が均一、かつ簡単に加工できる形状に設計することです（図5-8）。

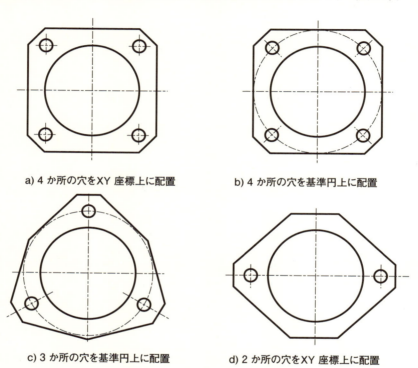

a) 4か所の穴をXY座標上に配置　　b) 4か所の穴を基準円上に配置

c) 3か所の穴を基準円上に配置　　d) 2か所の穴をXY座標上に配置

図5-8 切削を想定したフランジ形状

設計のPoint of view……フランジ形状の設計の原則

　上記のようなフランジの面取りのサイズを決めることは意外と難しいといえます。
　次ページに示すような鋳物製品であれば、肉厚が均等になるように曲線をうまく使いながら形状を設計できますが、45°面取りでは、うまく肉厚を均等にすることができないうえ、むやみに面取りを増やすと加工時間が増えコストアップの要因にもなります。軽量化という面では大きな面取りを取りたくなるのですが、コストがかかることから、どちらを優先して設計するかの方針を自分なりに決めておきましょう。

次に、鋳鉄やアルミ合金を鋳造によってフランジ形状を作る場合の形状例を示します。鋳造は、肉厚を均一にしつつなめらかな自由形状を作ることができるため、デザイン的に優しい形状になります（**図5-9**）。

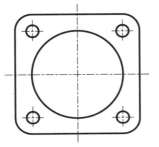

a) 4か所の穴をXY座標上に配置

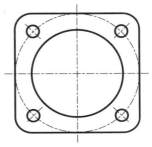

b) 4か所の穴を基準円上に配置

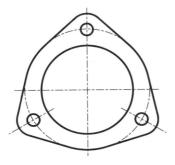

c) 3か所の穴を基準円上に配置

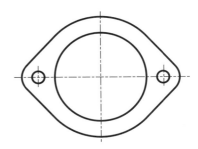

d) 2か所の穴をXY座標上に配置

図5-9 鋳造を想定したフランジ形状

φ(@°▽°@) メモメモ

鋳造とは

鋳鉄やアルミ合金を熱して液状にし、鋳型に流し込み、冷やし固める加工法をいいます。

複雑な形状を低コストで大量に生産できることが特徴です。身の回りの製品にマンホールの蓋などがあります。

図5-9 d）に示したような、ひし形のフランジの形状作成法（手書き、2次元CADを想定）を紹介します（**図5-10**）。

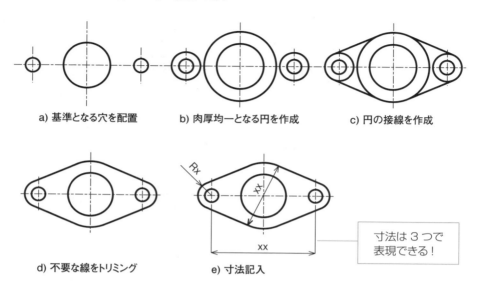

図5-10 ひし形フランジ形状の作図法

鋳造品は、形状設計の自由度が大きく、固定観念にとらわれることなく、機能性とコンパクト性を追求することができます。様々な製品の例を知り、形状設計に生かしましょう（**図5-11**）。

図5-11 様々なフランジ形状の例

フランジ面に穴やねじ穴を配置する場合、2通りのレイアウトが考えられます。

①フランジが角形状で、相手部品も角形状の場合

フランジが角形状の場合、穴をX-Y座標上に配置する場合と、基準円上に配置する場合の違いに大きな差はなく、設計意図としてどちらを選択するかを使い分ければよいと思います（**図5-12**）。

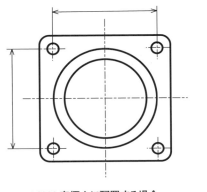 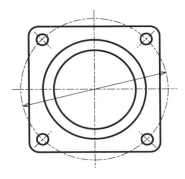

a) X-Y 座標上に配置する場合　　　　　b) 基準円上に配置する場合

図5-12 フランジが角形状の場合の穴やねじの配置例

基準円上に配置する場合は、
相手部品との相対関係において、
回転方向の位相ずれは
特に問わないというときに
使うことが多いんやで！

②円筒形状の部品をフランジに取り付ける場合

　フランジが円筒形状の場合、フランジに取り付けるカバーやキャップも単純な円筒形状になります。このような場合、穴の配置は基準円上に配置するよう設計しなければいけません（**図5-13**）。

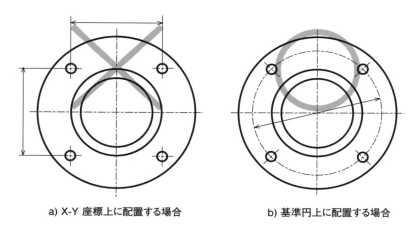

a) X-Y 座標上に配置する場合　　　　b) 基準円上に配置する場合

図5-13 フランジが円筒形状の場合の穴やねじの配置例

　なぜなら、円筒状のカバーやキャップのX-Y座標上に穴を配置する場合、CADと加工機には座標が存在するため部品の設計・製作は可能ですが、加工機から部品を取り外すと、円筒部品はX-Y座標の概念がなくなり検査できなくなるからです（**図5-14**）。

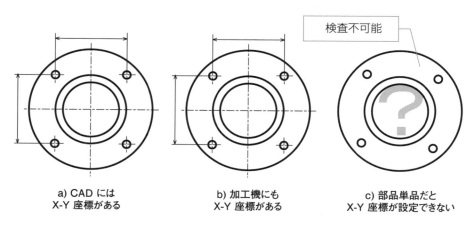

a) CAD には　　　　　b) 加工機にも　　　　　c) 部品単品だと
X-Y 座標がある　　　 X-Y 座標がある　　　　X-Y 座標が設定できない

図5-14 穴の配置と座標の関係

φ(@°▽°@) メモメモ

フランジ継手の締め付け方法の概要

<u>フランジの締め付け方法は、JIS B 2251 に規定されています。</u>

・ボルトの仮締め付け

仮締付けは、フランジのボルト本数によって手順が異なります。

フランジのボルト本数が 8 本以下の場合（12 本以上は別途規定あり）

→すべてのボルトを仮締付けの対象とする。

① 締付け順序は対角とする

② 締付けトルクを段階的に増加させ（例えば、目標締付けトルクの 10 % → 20 % → 60 % → 100 %）、均等に締付けを行う。

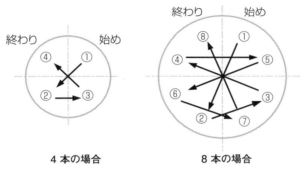

4 本の場合　　　　8 本の場合

・ボルトの本締め付け

本締付けは、すべてのボルトを対象とし、トルクレンチを用い目標締付けトルクの 100 % の締付けトルクに管理して締付けを行います。

① フランジボルトの本数が 4 本の場合は、対角に締め付ける

② フランジボルトの本数が 8 本以上の場合は、時計回りまたは反時計回り、いずれか同一方向だけの周回とする

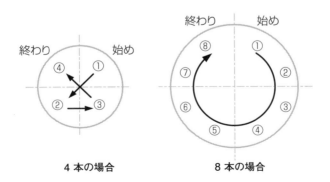

4 本の場合　　　　8 本の場合

| 第5章 | 3 | 角の面取り、角の丸みの設計 |

鋼やアルミ合金などの角材をフライス加工する際、端面の稜線(りょうせん)に必ずバリ(あるいはカエリ)という毛羽(けば)が発生します。

加工する際に形状の崩れ(平行度や直角度、位置ずれ)の原因になるため、作業の途中でやすりを使って糸面取りされますが、組立作業者やユーザーが触れる可能性のもあるので、面取りは必要不可欠です。(**図5-15**)。

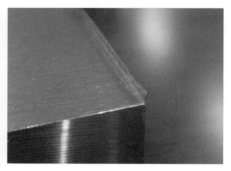

図5-15　角材のバリ・カエリ

角材の面取りには、45°面取り(別名:C面取り)とR面取りの2種類があります(**図5-16**)。

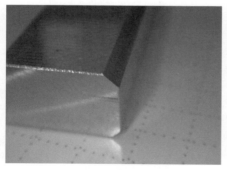

a) 45°面取り　　　　　　　　　　　　b) R 面取り

図5-16　角材の角の面取り

45°面取りを施す場所も、設計者によってばらつき、「これが正解！」という面取りは存在しません。ただし、角材の場合、面取りの個所が増えるほどコストは増えると認識しておきましょう（**図5-17**）。

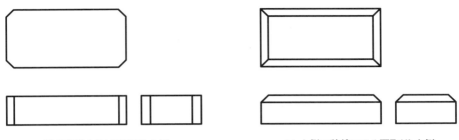

a) 縦の稜線のみに面取りした例　　　　b) 上側の稜線にのみ面取りした例

図5-17 45°面取りを施す場所の例

　隣り合う3つの稜線に45°面取りを施した場合、その合流部は、若干尖った形状となりますが、危険性を伴うほどではありません（**図5-18**）。

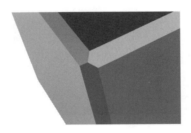

図5-18 45°面取りの3つの稜線が合流する部分の形状

設計のPoint of view……多面体の面取りサイズと設計思想

　製品内部に設置する部品に大きな面取りをすると加工コストが上がります。しかし、軽量化を目指す場合は面取りも大きくせざるを得ませんので、どちらを優先するか設計思想を統一するようにしましょう。
　ユーザーが見たり触ったりする部品は、45°面取りを施すことでデザイン的な美しさを出せる場合もあります。
　また、一連の関連する形状（主形状、脚部、突起部など）の面取りサイズは、それぞれ関連する形体の中で統一します。

第5章　多面体の基本形状要素〜外郭形状を設計する〜

特に理由がない限り、加工の容易性から45°面取りを選択することが多いといえます。様々な加工方法があり、その一例を示します（**図5-19**）。

- 面取り機…0.5mm〜数mm程度
- 面取りカッター…0.5mm〜数mm程度
- 正面フライス…数mm以上
- やすりなど…0.1mm〜0.3mm程度（糸面取りと呼ぶ）

a) 面取り機

b) 面取りカッター

c) 正面フライス

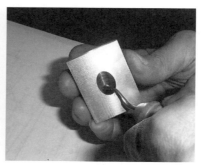

d) やすりなど

図5-19 45°面取りの加工例

> 設計のPoint of view……面取りの大きさによって変わる加工方法

　材質にもよりますが、C0.5未満は、"糸面取り"というやすりによる手作業になることが多いといえ、逆にC0.5以上は機械加工による切削工程になることが一般的です。

設計のPoint of view……一括による面取り指示の落とし穴

注記に「指示なき角部の面取りは、C1とする」のような記述を散見しますが、形状によっては面取り加工できない部分も存在し、加工者が無用な苦労をしなければいけない状況になることがあります。安易に、一括で指示することがないように注意しましょう（**図5-20**）。

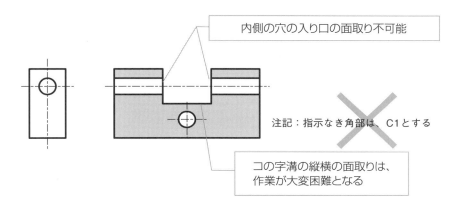

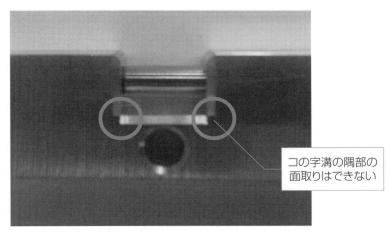

図5-20 面取りの一括指示で加工者が困る場所

手触り感や高級感向上など機能上の要求やデザインで、角部をR面取りすることも可能です。45°面取りに比べると優しい感じがして印象が大きく変わります（図5-21）。

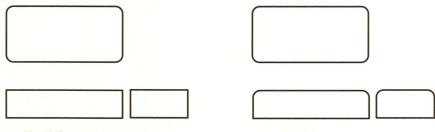

a) 縦の稜線にのみ角の丸みを付けた例　　b) 上側の稜線にのみ角の丸みを付けた例

図5-21 角の丸みを施す場所の例

隣り合う3つの稜線にR面取りを施した場合、その合流部は、若干尖った形状となりますが、危険性を伴うほどではありません（図5-22）。

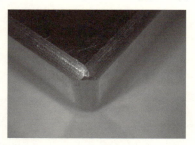

図5-22 R面取りの3つの稜線が合流する部分の形状

角の丸みは、45°面取りに比べてコスト高のように感じてしまいますが、"コーナーRカッター"という刃物を使えば、ほぼ同コストで加工できます（図5-23）。

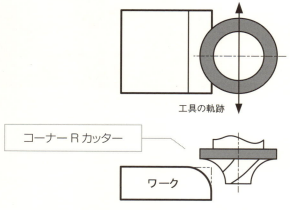

図5-23 コーナーRカッターによる加工

第5章	4	隅の丸みの設計

鋼やアルミを切削加工する場合、隅の丸みを考慮して形状を設計する必要があります。

隅の丸みの有無を決める場合の条件として、次のような場合があります。
・応力緩和のために隅の丸みを付けたい
・相手部品の組み付けの際に干渉防止のために隅の丸みをなくしたい
・加工の都合で隅の丸みがついてしまう
・加工の都合で隅の丸みがつけられない

1）切削加工による隅の丸みの設計

フライス盤で溝加工や側面加工する工具にエンドミルという刃物があります。

エンドミルには、先端が平らなスクエアエンドミルと、先端が球状のボールエンドミルがあります。

ストレートシャンクのエンドミル（スクエア・ボール）の直径サイズは、JIS B 4211に規定されています（**表5-4**）。

表5-4 JIS が規定するストレートシャンクエンドミルの直径サイズ

1.0	8.0	28.0
1.2	9.0	32.0
1.6	10.0	36.0
2.0	11.0	40.0
2.5	12.0	50.0
3.0	14.0	56.0
3.5	16.0	63.0
4.0	18.0	71.0
5.0	20.0	80.0
6.0	22.0	90.0
7.0	25.0	100.0

工具メーカーでは上表の直径サイズ以外にも様々なサイズのエンドミルが準備されていますので、必要に応じて製造部や代理店を通して確認してください。

①隅の丸みを付けない場合

　隅の丸みを付けずにブロックに段差を加工する場合、スクエアエンドミルを使います（**図5-24**）。

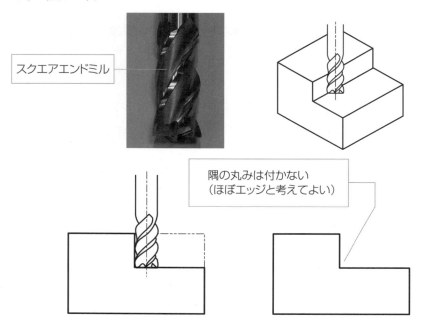

図5-24 スクエアエンドミルによる段差加工例(1)

　エンドミルで側面を加工する場合、角の丸みがある場合、NCフライスやマシニングセンターでの加工になるためコストアップになる可能性があります（**図5-25**）。

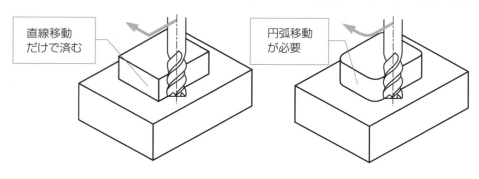

a) 汎用フライス盤での工具パス　　b) NCフライス盤での工具パス

図5-25 スクエアエンドミルによる段差加工例(2)

②隅の丸みを付ける場合

　隅の丸みを付けてブロックに段差を加工する場合、ボールエンドミルを使います。ボールエンドミルは、主に曲面形状を切削する場合に用いる工具です（**図5-26**）。

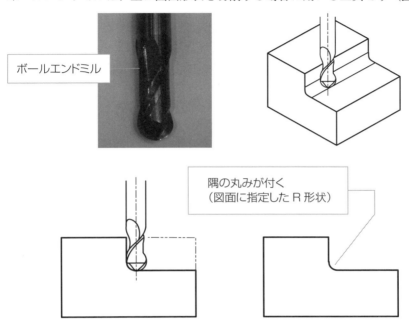

図5-26 ボールエンドミルによる段差加工例

　あるいは、スクエアエンドミルを横向きにして加工することも考えられます。ただし、エンドミルの刃の長さが届く範囲しか加工できません（**図5-27**）。

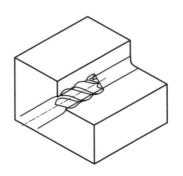

図5-27 スクエアエンドミルによる段差加工例（3）

隅の丸みを付ける場合、エンドミルの向きをイメージし、隅の丸みと工具のたわみ、他の工具との向きから総合的に判断して形状を設計します（**図5-28**）。

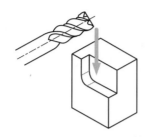
a) 奥行きが短く、エンドミルがたわみにくい

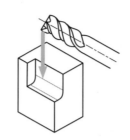
b) 奥行きが長く、エンドミルがたわみやすい

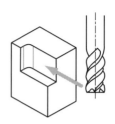
c) 奥行きが長く、エンドミルがたわみやすい

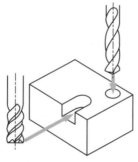
d) ドリルと向きが同じため、加工コストを下げることができる

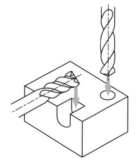
e) ドリルと向きが異なるため、コストが上がる可能性がある

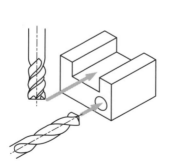
f) ドリルと向きが異なるが、エンドミルはたわみにくい

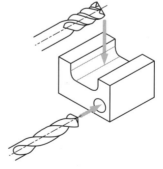
g) ドリルと向きが同じだが、エンドミルはたわみやすい

図5-28 エンドミルの方向とコストの関係

③隅の丸みを避けられない場合

形状によっては、隅の丸みを避けられない形状があります。この場合、部品を2つに分割することで形状を実現することができます（**図5-29**）。

- スクエアエンドミルでは、隅の丸みをなくせますが、曲面加工ができません。
- ボールエンドミルでは、曲面加工はできますが、隅の丸みが付いてしまいます。

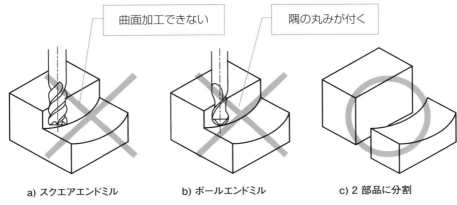

図5-29 エンドミルによる段差加工の可否

ブロックに曲面状の段を付ける場合、ボールエンドミルで加工できる様、隅の丸みを付けることで一体化の部品形状を設計することができます（**図5-30**）。

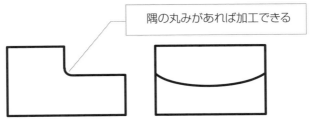

図5-30 ボールエンドミルで加工できる一体形状

> **φ(@°▽°@) メモメモ**
>
> ### 曲面の加工
>
> 曲面を加工する場合、ボールエンドミルを使用します。これは、材料と刃物の接触が点になるため自由形状を加工できるからです。
> スクエアエンドミルは、材料と刃物の接触が面あるいは線になるため斜面や曲面を加工すると右の写真のように段差がついてしまいます。

2）溶接部の隅の丸みの設計

溶接の接合強度は、"のど厚"というビード（溶接の肉盛り部）の高さに依存します。

しかし、一般的な隅肉溶接の場合、ビードの断面はアーチ状に盛り上がります。

ビード端は断面が急変するため、応力集中を受けやすく溶接剥がれにつながる恐れが高くなります（図5-31）。

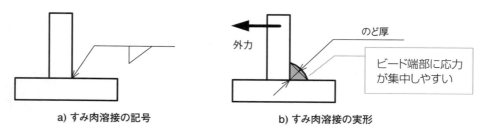

図5-31 すみ肉溶接の指示と実形

そこで、図面上に"止端仕上げ"の記号を付けることで、ビードの端部を滑らかにつながるように研削してもらえます。

これによってビード端の応力集中を避けることができますが、強度上、"のど厚"が薄くならないように、必要な厚みを確保するようにしなければいけません（図5-32）。

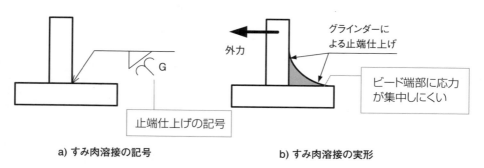

図5-32 すみ肉溶接の止端仕上げ指示と実形

第5章のまとめ

第5章で学んだこと
　平面を設計する際の注意点や図面作成時のポイント、様々なフランジ形状、角や隅の丸みの付け方を学習しました。

わかったこと
◆広い面積の取り付け面は反る可能性があるので肉盗みする方がよい（P100）
◆面は3点で受けるとガタのない取り付けが可能（P101）
◆4つの据え付け面の方が3つの据え付け面より外乱に強い（P101）
◆4つの面で製品を据え付ける場合は、4点目の面を調整式にする（P101）
◆4つの面で取り付ける場合は、共通領域で平面度を指示する（P102）
◆高さや幅を完全に一致させたい場合は、合わせ加工を指示する（P103）
◆圧力のかかる丸フランジの形状はJISに規定されている（P106）
◆ボルトの取り付け本数によってフランジの形状は変わってくる（P108）
◆角の丸みは、面取りと丸みで印象が大きく変わる（P115、P118）
◆安易に「指示なき角部はC1とする」を書かないこと（P117）
◆刃物が入らない部分に角の面取りはできない（P117）
◆切削加工の隅の丸みはエンドミル径を考慮する（P121）
◆隅の丸みはエンドミルの方向と工具の剛性を総合的に判断する（P122）
◆形状によっては、隅の丸みを付けなければいけない場合がある（P123）

次にやること
　多面体形状の部品には機能する形状（ねじや位置決め、溝など）が存在します。これら機能形状の注意点を知りましょう。

第6章

多面体の基本形状要素
～機能形状を設計する～

多面体の機能形状っていわれても、何をどうしたらええのかわからへん！

(ノ≧o≦)ノ ┤・∴。

多面体には、取り付けや位置決めを目的とした穴やねじ、溝などの形状が存在します。

(*￣∀￣)"b" チッチッチッ

6-1	取り付け用穴やねじ穴の設計
6-2	機能を持った穴の設計
6-3	精密な位置決め形状の設計
6-4	角穴形状の設計

第6章 1 取り付け用穴やねじ穴の設計

　第1章から第3章までに解説した円筒軸の形状は、かなり複雑な形状にしない限り、加工の知識がなくても無難な形状を設計することができます。
　それに対して、多面体の形状を設計する場合、加工の知識もなしに設計すると、次のような状態に陥ってしまいます。
　・加工はできるけど、段取りや加工に時間がかかり高コストになる。
　・加工はできるけど検査器具が入らないので、検査のしようがない。
　・そもそも加工できない形状。

　このような場合は、加工できる形状、加工しやすい形状に変更するか、部品を複数に分割して、それらを後で組み合わせる形状に変更しなければいけません。

　円筒軸と共通していえることですが、多面体に開ける穴は次のように分類できます。
1）ボルト貫通用丸穴
　ボルトなどを通すだけの精度を要求しないキリ穴と、位置決めや強度保証など機能的に精度を要求するリーマボルト用の穴がある。
2）ざぐり
　ボルト固定時の座面をきれいに仕上げる浅いざぐり、ボルト頭を隠す目的の深ざぐり、皿ねじを留めるための皿ざぐりがある。
3）ねじ穴
　ボルト固定用や接続用のねじなどがある。

1）ボルト貫通用丸穴のサイズ

①一般的なボルトの挿入穴（部品を単純に固定するため）

・丸穴

　いわゆる"バカ穴"と呼ばれ、穴位置のばらつきなどを考慮して設計者の経験と感覚でボルト呼び径より少し大きめの直径とします。

　あるいは、<u>次項の"ざぐり"の項目に示すように、JISで規定された穴の直径サイズを参考にすることもできます。</u>

　最低限の条件として、次の項目に留意して穴の直径を決定します。
　・ねじの呼び径よりも大きく、ボルトの座面、ワッシャの径よりも小さいこと
　・ボルトの座面あるいはワッシャとの接触面積をできる限り大きくなるようにすること

・長穴

　取り付ける部品の姿勢を崩したくない場合、一方を基準の丸穴とし、他方は位置ばらつきを考慮して長穴を組み合わせることがあります（**図6-1**）。

　板金プレス部品では、丸穴も長穴もワンパンチ（1回の抜き工程）で済むため、コストに影響は出ません。

　しかし、切削部品の場合、丸穴はドリルで加工すればよいのですが、長穴はエンドミルで横方向に移動しながらの加工になるため時間がかかりコスト高になるので注意しましょう。

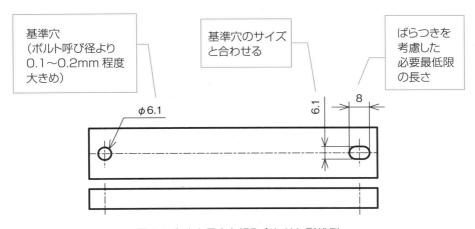

図6-1 丸穴と長穴を組み合わせた形状例

②リーマボルトの挿入穴のサイズ

JISにリーマボルトの規定はなく、市販品を使うことになります。

・位置決めとして使用する

ボルト締結で位置決めしようとしても、高い精度が得られません。このような場合、リーマボルトを"はめあい"の種類のうち"すきまばめ"の穴と組み合わせて使用します。

・せん断荷重を受けるボルトとして使用する

ボルトは基本的に軸線方向に荷重がかかるように設計します。しかし、構造上、ボルトにせん断（軸線と直角方向）荷重を受ける場合、ねじ部で荷重を受ける構造になり、切り欠き効果によってボルトが破断しやすくなります。

このような場合はリーマボルトを使うことで、ねじ部ではなく円筒部で荷重を受けるため、強度的に有利になります（**図6-2**）。

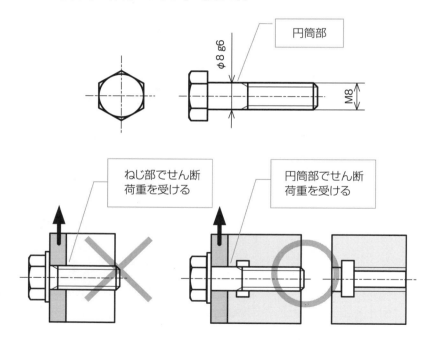

図6-2 強度保証のためにリーマボルトを使う例

リーマボルトは、穴とのすき間を最小限に設計できるため、外力による滑りを防止でき、ねじゆるみにも効果があるともいわれています。

一般的なリーマボルトの直径の公差クラスは「g6」が多いため、それにはめあう精度穴（例えば、H7など）を選択するとよいでしょう。

2）ざぐり（ボルト穴径も含む）のサイズ

ボルト穴径及びざぐり径のサイズはJIS B 1001に規定されています（**図6-3、表6-1**）。

この規格は、一般に用いる六角ボルト・小ねじなどに対するボルト穴の径やざぐりについて規定しています。

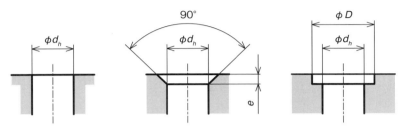

図6-3 ボルト穴径及びざぐり径のサイズ

表6-1 JIS が規定するボルト穴径およびざぐり径のサイズ（抜粋）

ねじの呼び径	ボルト穴径 d_h				面取り e	ざぐり径 D
	1級	2級	3級	4級[*1]		
3	3.2	3.4	3.6	-	0.3	9
4	4.3	4.5	4.8	5.5	0.4	11
5	5.3	5.5	5.8	6.5	0.4	13
6	6.4	6.6	7	7.8	0.4	15
8	8.4	9	10	10	0.6	20
10	10.5	11	12	13	0.6	24
12	13	13.5	14.5	15	1.1	28
16	17	17.5	18.5	20	1.1	35
20	21	22	24	25	1.2	43
24	25	26	28	29	1.2	50
30	31	33	35	36	1.7	62
36	37	39	42	43	1.7	72
42	43	45	48	-	1.8	82

*1）4 級は鋳物製品の鋳抜き穴に適用する

表6-1に示すように、JIS B 1001にざぐり径が決められていますが、六角ボルトと六角穴付きボルトとでは、ざぐり径を変えなくても大丈夫なのでしょうか？

まずは、六角ボルトの頭のサイズと一般的な並形の平座金（平ワッシャ）のサイズを確認してみましょう。

六角ボルトのサイズはJIS B 1180に、平座金のサイズはJIS B 1256に規定されています（図6-4、表6-2）。

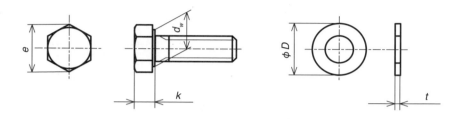

図6-4 六角ボルト（座付き）と平座金のサイズ

表6-2 JIS が規定する六角ボルト（座付き）と平座金のサイズ（抜粋）

ねじの呼び径	ボルト頭のサイズ（等級Aの場合）			ばね座金のサイズ	
	d_w	e	k	D	t
3	4.57	6.01	2	7	0.5
4	5.88	7.66	2.8	9	0.8
5	6.88	8.79	3.5	10	1.0
6	8.88	11.05	4	12	1.6
8	11.63	14.38	5.3	16	1.6
10	14.63	17.77	6.4	20	2.0
12	16.63	20.03	7.5	24	2.5
16	22.49	26.75	10	30	3.0
20	28.19	33.53	12.5	37	3.0
24	33.61	39.98	15	44	4.0
30	(42.75)	(50.85)	18.7	56	4.0
36	(51.11)	(60.79)	22.5	66	5.0
42	(59.95)	(71.30)	26	78	8.0

*( )内寸法は部品等級B を代用値として記載

上表より、六角ボルト頭のサイズeより平座金のサイズのほうが一回り大きいことがわかります。したがって、表6-1のざぐり径で問題ないことがわかります。

次に、六角穴付きボルトの頭のサイズと、六角穴付きボルトと組み合わせることが一般的な並形のばね座金（スプリングワッシャ）のサイズを確認してみましょう。
六角穴付きボルトのサイズはJIS B 1176に、ばね座金のサイズはJIS B 1251に規定されています（**図6-5**、**表6-3**）。

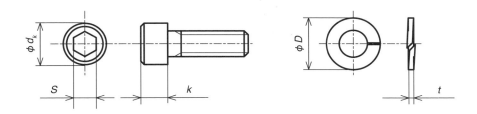

図6-5 六角穴付きボルトとばね座金のサイズ

表6-3 JISが規定する六角穴付きボルトとばね座金のサイズ（抜粋）

ねじの呼び径	ボルト頭のサイズ（等級Aの場合）			ばね座金のサイズ	
	d_k	S	k	D	t
3	5.68	2.5	3	5.9	0.7
4	7.22	3	4	7.6	1.0
5	8.72	4	5	9.2	1.3
6	10.22	5	6	12.2	1.5
8	13.27	6	8	15.4	2.0
10	16.27	8	10	18.4	2.5
12	18.27	10	12	21.5	3.0
16	24.33	14	16	28	4.0
20	30.33	17	20	33.8	5.1
24	36.39	19	24	40.3	5.9
30	45.39	22	30	49.9	7.5
36	54.46	27	36	59.1	9.0
42	63.46	32	42	-	-

上表より、六角穴付きボルト頭のサイズよりばね座金のサイズのほうが一回り大きいことがわかります。したがって、表6-1のざぐり径で問題ないことがわかります。

φ(@°▽°@) メモメモ

ボルトの強度区分

　一般的な鋼製の六角ボルトは軟鋼線材（SWRM）が使われており、強度区分「4.8」が一般的です。

　それに対し、黒色の六角穴付ボルトはクロムモリブデン鋼（SCM材）が使われており、強度区分「10.9」や「12.9」が用いられます。

　このように、鋼製のボルトの強さは、小数点を含んだ数値で表されます。

・鋼製ボルト

　鋼製ボルトの強度区分「4.8」とは、「4」が「$400N/mm^2$以下で切れない」という強さを表し、「呼び引張り強さ」といいます。

　次に「.8」が「$400N × 0.8 = 320N/mm^2$以下では伸びても元に戻る」という弾性強さを表しています。

　同様に、「10.9」とは、$1000N/mm^2$まで切れずに90％の$900N/mm^2$まで変形が元に戻ることを表しています。

　「12.9」とは、$1200N/mm^2$まで切れずに90％の$1080N/mm^2$まで変形が元に戻ることを表しています。

　したがって、量産後にボルトの強度が足りないと判明した場合、太いボルトを使うように構造変更する以外に、ボルトの強度区分の種類を変えるだけで対策することもできるのです。

　ごくまれに、ボルトの頭に強度区分の数値が明記されているものもあります。

・ステンレス鋼ボルト

　ステンレス鋼のボルトの強度区分は、「A2-50」、「A2-70」のように表されます。

　A2は、A：オーステナイト系ステンレス鋼、2：化学組成の区分（グループ）を示します。

　50や70の数値は、強度レベルを表し、それぞれ$500N/mm^2$、$700N/mm^2$の引張り強さを示します。

皿頭ねじ用皿穴のサイズはJIS B 1017に規定されています（**図6-6、表6-4**）。この規格は，次の種類の皿頭ねじに適用します。
- すりわり付き皿小ねじ、すりわり付き丸皿小ねじ（JIS B 1101）
- すりわり付き皿タッピンねじ、すりわり付き丸皿タッピンねじ（JIS B 1115）
- 十字穴付き皿小ねじ、十字穴付き丸皿小ねじ（JIS B 1111）
- 十字穴付き皿タッピンねじ、十字穴付き丸皿タッピンねじ（JIS B 1122）
- 十字穴付き皿ドリルねじ、十字穴付き丸皿ドリルねじ（JIS B 1124）
- ヘクサロビュラ穴付き丸皿小ねじ（JIS B 1107）
- ヘクサロビュラ穴付き皿タッピンねじ、ヘクサロビュラ穴付き丸皿タッピンねじ（JIS B 1128）

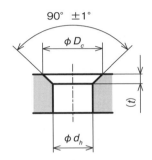

図6-6 皿頭ねじ用皿穴のサイズ

表6-4 JISが規定する皿頭ねじ用皿穴のサイズ（抜粋）

呼び	ねじの呼び	ボルト穴径 d_h 最小（基準サイズ）	最大	ざぐり径 D_c 最小（基準サイズ）	最大	t （約）
1.6	M1.6	1.8	1.94	3.6	3.7	0.95
2	M2	2.4	2.54	4.4	4.5	1.05
2.5	M2.5	2.9	3.04	5.5	5.6	1.35
3	M3	3.4	3.58	6.3	6.5	1.55
4	M4	4.5	4.68	9.4	9.6	2.55
5	M5	5.5	5.68	10.4	10.65	2.58
6	M6	6.6	6.82	12.6	12.85	3.13
8	M8	9	9.22	17.3	17.55	4.28
10	M10	11	11.27	20	20.3	4.65

・ざぐりを開ける位置の注意点

部品の端部に極めて近い部分にざぐりを施す場合、端面との残りの肉厚 $t \geqq 1mm$ は必要です。

$t < 1mm$ のとき、ざぐりを開放する形状にするとよいでしょう（図6-7）。

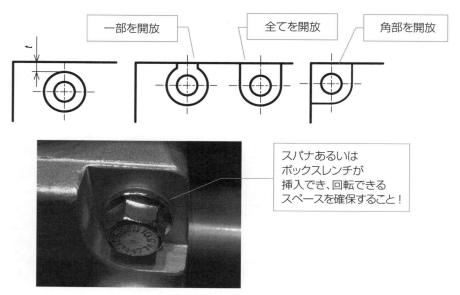

図6-7 端部のざぐりの最低肉厚と対処形状

設計のPoint of view……鋳物部品にざぐりを施す際の注意点

鋳物部品にざぐりを施す場合、鋳物の隅の丸みにざぐりの径がかかると、刃物が片当たりしてざぐりと穴の同軸度（あるいは同心度）がずれる可能性があります。

そのため、ざぐり径に隅の丸みがかからないように気をつけなければいけません（図6-8）。

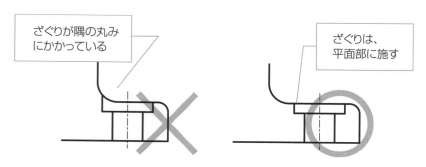

図6-8 鋳物部品のざぐりの注意点

3) ねじ穴のサイズ

一般的に販売されているボルトの形状には次のようなものがあります。
- 六角ボルト
- 六角穴付きボルト
- 十字穴付きなべ小ねじ
- 十字穴付きさら小ねじ
- 十字穴付き丸さら小ねじ
- すりわり付きなべ小ねじ
- すりわり付きさら小ねじ
- すりわり付き丸さら小ねじ

どの頭の形状を使用するかは、強度・相手部品の形状、組立の都合、スペースなどに応じて選択します。

ボルトの種類とサイズの選定手順を次に示します。
①固定目的の場合は、メートル並目ねじから選定する
　→細目ねじはゆるみ止め、あるいは調整ねじに採用する場合があります。
　→送りねじや高荷重を受けるねじの場合、台形ねじや角ねじを検討します。
　→配管などの接続には管用（くだよう）ねじを採用します。
②必要な強度を決定する
　→ねじ部にかかる引張り荷重やせん断荷重を設定します。
③材質を決定する
　→受ける荷重や環境（周囲温度、腐食など）、締結する相手部品の材質などを検討します。
　→磁性・非磁性、導電性・非導電性なども含めて、樹脂ねじも検討します。
④ボルトの直径と本数を決定する
　→受ける荷重から検討します。
　→ボルトの強度区分と本数を比較して、コストの最適化を図ります。
⑤ボルト頭の形状を決定する
　→組立・分解・保守性、締付け工具を考慮し、ボルト頭の形状を検討します。
⑥締付け工具や使用ボルトの共通化を図る
　→周辺で使用しているボルトのサイズとボルト頭の形状を確認して、作業性を考慮して共通化できないか検討します。

ねじ穴のサイズや数は、強度を保証できるボルトのサイズが決まって初めて設計できます。

①固定用ボルトの強度計算

部品を固定する際にボルトを使うことが多く、負荷を受けるボルトは強度計算が必要です。必要とするボルトのサイズと本数の計算例を確認しましょう（**図6-9**）。
＜条件＞
- カバー②をベース①にM6ボルト③で固定したい。
- このカバー②はアキシャル（軸方向）荷重 P =6500[N]（約650kgf）の動荷重がかかる。
- 鋼製ボルトの強度区分「3.6（引張り強さ 300N/mm^2）」を使用して、動荷重を受けることから安全率を5とし、許容引張り応力を 300/5 ＝ 60 [N/mm^2] とする。
- M6ボルトの谷底径はJIS規格より4.9[mm]とする。

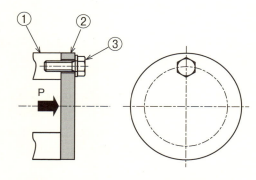

図6-9 フランジボルトの強度計算構造例

M6ボルトの谷径(最も細い径)が直径4.9mmであるため、ボルト1本で荷重を受けた場合の引張り応力 σ は下記で表されます。

$$\sigma = \frac{P}{A} = \frac{6500}{\frac{\pi}{4}(4.9)^2} = 344.7 \,[\text{N/mm}^2]$$

344.7 [N/mm^2]（ボルトが受ける応力）＞60 [N/mm^2]（ボルトの許容応力）となり、ボルト1本だけでは破損してしまいます。

そこで、ボルトの強度が持つところまで本数を増やしてあげる必要があります。ボルトの本数は下記で計算できます。
344.7/60 ＝ 5.74 （本）
したがって、ボルトは6本あれば、1本当たりの応力は
344.7/6 ＝ 57.45 [N/mm^2] ＜ 60 [N/mm^2]
となり、設計条件に耐えられることになります。

このように、部材にかかる応力からボルト径を決めることができますが、必ずしも強度だけでボルトの数を決めるわけではありません。
　例えば、次のような場合があります（**図6-10**）。
・フランジ部にガスケットやパッキンなどの密封部材を挟む場合、漏れが生じないようにフランジ周辺に多くのボルトを配置する。
・他の部材の取り付けボルトと工具を共通化するために、強度に関係なく、大きなボルトを使用する。

図6-10 フランジ用ボルトの数と配置例

φ(@°▽°@) メモメモ

陥没ゆるみ

ねじが"戻り回転"せずに生じるゆるみに、陥没ゆるみがあります。

陥没ゆるみとは、ボルトを締付ける際、ボルト座面が接する被締結部材の面が陥没することでボルトが回転することなく軸力が低下し、ゆるみを生じる現象をいい、被締結部材が陥没するかどうか、計算で求めることができます。

右図のような座付き六角ボルトの座面圧を計算するとします。

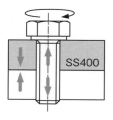

<条件>
- ボルト：M16×2.0 ［強度区分12.9］
- 被締結部材：材質SS400
- M16の負荷面積比＝1.0 (*1)
- SS400の限界面圧＝333N/mm^2 (*2)
- ボルトの軸応力の最大値はボルト材耐力の80%とする。

注）*1は、JIS B 1082より調べること
負荷面積：$(\pi/4) \times$（座面径^2－穴径^2）
＝$(\pi/4) \times (22.49^2 - 17.5^2)$
≒157 mm^2
負荷面積比：負荷面積／ねじの有効断面積＝157/157＝1.0
*2は、文献などで調べること

<計算>

ボルトの耐力は、強度区分12.9より、1200×0.9＝1080N/mm^2
ボルトの軸応力の最大値（面圧）は、σ＝1080×0.8＝864N/mm^2

M16の負荷面積比＝1.0より、面圧864/1.0＝864N/mm^2
したがって、SS400の限界面圧333N/mm^{2}より作用する面圧が大きいため陥没してしまいます。

ちなみに座なしボルトで検討した場合は以下の通りです。
負荷面積比＝1.6より、面圧864/1.6＝540N/mm^2 で、まだ陥没します。
ここで、外径30mmの平ワッシャを使うと、
負荷面積＝$(\pi/4) \times (30.0^2 - 17.5^2)$≒466 mm^2
負荷面積比＝466/157≒3.0 より、面圧 864/3.0＝288N/mm^2 となり、SS400の限界面圧333N/mm^{2}を下回るため、かろうじてOKとなります。

組立時にワッシャを組み忘れると、ねじゆるみが発生する不具合の確率が大きくなるので、注意しなければいけません。

その他の対策としては、ボルトのサイズを小さくして本数を増すか、被締結部材の材質をSS400よりも硬い材料を使うという選択肢もあります。

②アイボルトの使い方と使用荷重

　機械器具類のつり上げなど、一般の荷役に用いるものにアイボルトがあります。アイボルトのねじのサイズと保証荷重はJIS B 1168に規定されています。

　保証荷重は使用荷重の3倍とされていますので、使用荷重も付記します（図6-11、表6-5）。

図6-11 アイボルト

表6-5 JIS によるアイボルトのサイズ

ねじの呼び	M8	M10	M12	M16	M20	M24	M30
保証荷重(kN)[*1]	2.35	4.41	6.47	13.24	18.54	27.95	44.13
引張荷重(kN)[*2]	11.08	18.24	27.26	52.07	82.87	118.7	192.2
使用荷重(kN)[*3]	0.785	1.47	2.16	4.41	6.18	9.32	14.7

*1) 使用荷重の3倍
*2) ねじの逃げ部が最小のとき、その逃げ部に392N/mm^2 の応力が加わる値
*3) 垂直吊り、45°吊りのとき、安全に使用できる荷重（本項目はJIS に記載はない）

設計の Point of view……アイボルト取り付けの向き

　アイボルトに限らず、ねじはアキシャル方向（軸線方向）に荷重をかけるのが正しい使い方です。ねじにせん断荷重を加える構造は避けなければいけません（図6-12）。

　アイボルトの場所は任意のため、重心位置を把握しバランスよく配置します。

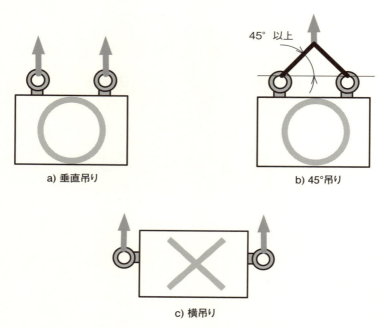

図6-12 アイボルトを使用する際の荷重方向

φ(@°▽°@)　メモメモ

アイボルト使用上の注意点

　アイボルトは重要保安部品として設定されています。
- 吊り下げ重量は、必ず使用荷重（保証荷重の1/3）を下回ること
- 2個のアイボルトがあっても、変動があるため荷重分散（1/2）するとは考えない
- 釣る場合の角度は45度以上を確保し、横吊り（90°）は厳禁
- アイボルトの座面は密着するよう、必要に応じてざぐりを施す

4）ねじ穴の加工

　穴加工やねじ穴加工を指示する場合、貫通穴が必要なケースを除いて、必要に応じた深さを指定するようにします。貫通穴ではなく必要な分だけ加工することでコストダウンにつながる場合と、そうではない場合があります。

　ねじの深さは、せいぜい直径の1倍〜2倍あれば強度的には満足することができます。しかし、使用するボルトの長さが標準化などの理由で指定されている場合は、必要以上にねじを加工せざるを得ません。

　設計意図と、加工性、組立性を総合的に考慮すると、様々なねじ穴を設計することができます。このとき、下穴と加工の関係を明記すべきです（**図6-13**）。

- ねじ穴を貫通させる場合
- 下穴は貫通させて、ねじは有効長さで規制する場合
- 下穴は加工都合で貫通してもしなくてもよい場合
- 気密性を保証するために、下穴は貫通させてはいけない場合

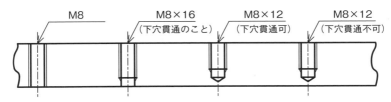

図6-13 ねじ穴と下穴の関係と図面指示例

　取り付け用のねじが、部品の対向する面に必要な場合、止まり穴で加工すると、工具の侵入方向が2方向となりコスト高になります。

　このような場合、部材の厚みが比較的薄く、気密性などの問題がなければ、ねじ穴を貫通穴にすることで、同一方向から加工できるため、コストダウンにつながります（**図6-14**）。

　ただし、ねじ長さが長くなる場合は、逆にコストアップになるので、加工担当と相談しなければいけません。

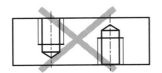

図6-14 ねじ穴の向きとコスト

設計のPoint of view……鋳物部品にねじを貫通する際の注意点

　鋳物部品にねじを貫通させる場合、鋳物の隅の丸みにねじの終端がかかると、刃物が片当たりすることでねじ穴が反ったり、ドリルやタップが折損したりする可能性があります。
　そのため、ねじ穴に隅の丸みがかからないように気をつけなければいけません（図6-15）。

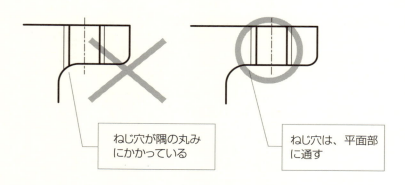

図6-15 鋳物部品のねじ穴の注意点

第6章　2　機能を持った穴の設計

1）深穴の注意点

穴には取り付け穴やねじ穴以外に、機能として穴を使う場合があります。

一般的によく用いるのが、流体（気体や液体）を通すための穴です。

流体を通す穴は、自然と深くなりがちです。

このとき注意しなければいけないのが、穴をあけるドリルの溝長さです。

溝長さが足りなければ切りくずを外に排出できないためドリルが折損する可能性があります（図6-16）。

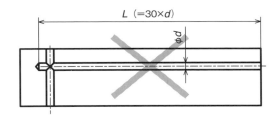

図6-16 標準ドリルでは加工ができない深穴

深穴の加工は、あきらめるしかないのでしょうか？

いいえ！次のような手段で、深穴をあけることができるのです。

・ロングドリルを使用
　（ストレートシャンク：$\phi 2 \sim \phi 14$, テーパシャンク：$\phi 6 \sim \phi 50$）
・ガンドリルを使用（$\phi 0.8 \sim \phi 30$程度）
・BTA（Boring & Trepanning Association）を使用（$\phi 14 \sim \phi 100$程度）

$\phi(@°\triangledown°@)$　メモメモ

ドリルの豆知識

ドリルをつかむ部分をシャンクといい、ストレートシャンク（写真上）とテーパーシャンク（写真下）があります。卓上式ボール盤は、ストレートシャンクしかつかむことができず、直径13mmのドリルまでつかむことができます。

ドリルの先端角度は、標準で118°のものが使われます。したがって、作図する場合は118°あるいは120°で作図します。

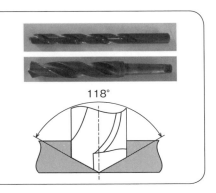

長めの穴を設計する場合、ドリル刃の溝長を知らなければいけません。
ドリルの直径サイズと溝長は、次のように種類別にJISに規定されています（図6-17、表6-6）。

- ストレートシャンクドリル…JIS B 4301
- ストレートシャンクロングドリル…JIS B 4305
- モールステーパシャンクドリル…JIS B 4302
- モールステーパシャンクロングドリル…JIS B 4306

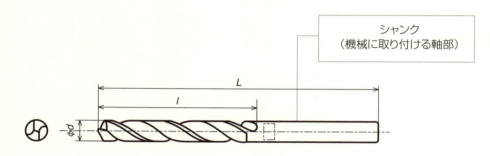

図6-17 ストレートシャンクドリル

表6-6 ストレートシャンクドリル1形とロングドリルのサイズ（抜粋）

直径サイズ	許容差(h8)	ストレートシャンク1形		ストレートシャンクロング	
		全長L	溝長(l)	全長L	溝長(l)
1.0	0 -0.014	34	12	-	-
2.0		49	24	125、160	80、100
3.0		61	33	160、200	100、150
4.0	0 -0.018	75	43	160、200、250、315	100、150、200、250
5.0		86	52	200、250、315、400	150、200、250、300
6.0		93	57		
8.0	0 -0.022	117	75	250、315、400	200、250、300
10.0		133	87		
12.0	0 -0.027	151	101		
14.0		160	107		

穴深さの目安は、おおむね次のように理解しておけばよいでしょう。ただし、最終的には、JISで確認しなければいけません。

- 標準的なドリルで開ける穴深さ…ドリル径dの5～8倍以下
- ロングドリルで開ける穴深さ…ドリル径dの20～50倍以下

設計のPoint of view……深穴に欠かせない幾何公差

　直径サイズに対して浅い穴を開ける場合は、穴の反り（真直度や平行度、直角度の悪さ）は考える必要はありません。しかし、穴が深くなればなるほど穴はまっすぐにならず、平行や直角も崩れやすくなります。

　この変形をどの程度許容するのかを設計意図として図面に指示しなければ、要求する機能を満足できないうえ、作り直しによって納期遅れの原因になります。

　図面に幾何公差を指示することで、加工者は穴が反らないよう注意して加工してくれますし、検査で不良品を排除することも可能となります（図6-18）。

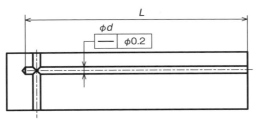

a) 真直度の指示（単にまっすぐに穴が開けばよい場合）

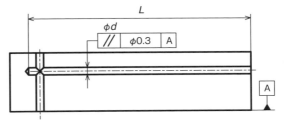

b) 平行度の指示（データムA面に平行かつ、まっすぐに穴が開けばよい場合）

図6-18 深い穴の変形防止を促す幾何公差の指示

2）穴を開ける位置の注意点

　部品の端部に極めて近い部分に穴を開ける場合、加工反力によって薄肉部に応力がかかります。ドリルの直径や傾きによっては端部が破れ、ドリルが突き出す可能性があります（**図6-19**）。

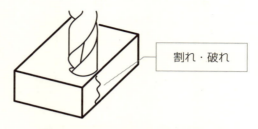

図6-19 端部に近い穴の注意点

　金属部品の端部に穴を後から加工する場合、メーカーの技術情報から穴の大きさによって最小肉厚が決まっています（**図6-20、表6-7**）。
　ただし、深穴の場合は、さらに肉厚を増やさなければいけません。

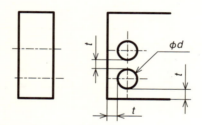

図6-20 端部に近い穴の最小肉厚

表6-7 端部に近い穴の最小肉厚

穴のサイズ d	φ2〜φ5	φ6〜φ12	φ14〜φ24	φ26〜φ30
最小肉厚 t	0.8	1	1.5	2

※データは、ミスミ C ナビ 技術情報より引用

　どうしても端部にきわめて近い位置に穴を開けたい場合の対策として、次のような加工上の対策法がありますが、コスト高になりますので注意しましょう。
・穴を先に開けてから端面を加工する
・放電加工する

3）交差する穴の注意点

2つの穴が"ねじれの位置"で配置される場合、後から加工する穴が曲がりやすくなります。これは先に開けた穴にドリルが侵入する際に肉厚の差によってドリルが曲がることで、穴が曲がりやすくなるのです。

このような場合、次のような設計上、あるいは加工上の対策があります（図6-21）。

・2つの穴の中心位置を合わせる
・細い穴を開けた後に大きな穴を開ける（加工順の制約が出てコスト高になる）

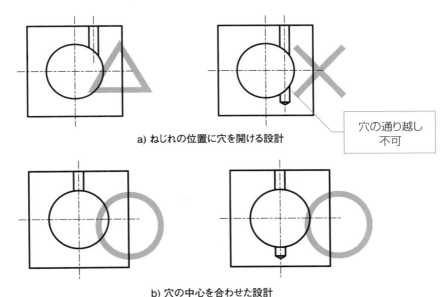

a) ねじれの位置に穴を開ける設計

穴の通り越し不可

b) 穴の中心を合わせた設計

図6-21 ねじれの位置に穴を開ける際の注意点

交差した穴で流路を作る場合、穴深さを考慮しないと加工順に制約が出る場合があります（図6-22）。

穴を直交する穴位置で止めた場合、①の穴を開けた後に②または③の穴を開けなければいけません。そうしないと、①の穴が反ってしまうからです。

それぞれの穴の深さを直交する穴をわずかに通り越した位置で開けた場合、穴の加工順は問わないため、加工が容易になりコストダウンにつながります。

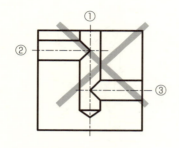
a) 穴の加工順序が決まってしまう

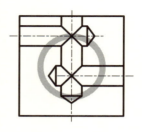
b) 穴の加工順を問わない

図6-22 複数交差する穴の設計の注意点

傾斜面に穴開け加工する場合、ドリルの刃先が逃げてしまい、まっすぐに穴を開けることができません。このようなときは、ドリルの侵入面にざぐりを施し、平面を作るようにします（図6-23）。

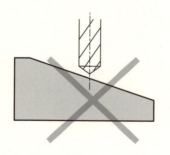
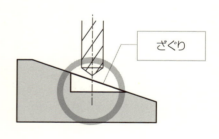

図6-23 加工の容易性のために施すざぐり

φ(@°▽°@) メモメモ

細穴（ほそあな）加工

　ドリル加工の場合、マイクロドリルを使うことで直径0.1mm程度の穴をあけることは可能です。しかし、ドリル径が細くなればなるほど、刃は折れやすく深い穴の加工も難しくなります。

　ドリルによる切削加工以外に細穴放電加工があります。

細穴放電加工機

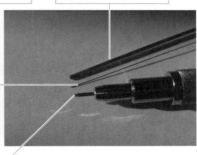

電極

0.5mmの
シャープペンシル

　上記の細穴放電加工機では、回転する電極内部に高圧の水を送り込むことで、次のような穴をあけることができます。
- 直径0.1mm～3.0mmの穴
- 穴径の200倍以上の穴深さ

　細穴放電加工機は、一般的な鋼（SS400やS45C、ステンレス鋼など）や難削材（超硬、焼入鋼、モリブデン、インコネルなど）から、非鉄金属である銅・アルミ・チタン等加工も可能です。

| 第6章 | 3 | 精密な位置決め形状の設計 |

信頼性の高い製品を設計するための"命"と呼べるものが、位置決めです。
部品の形状を使って位置決めするものには、次のような種類があります。
1) 端面当てによる位置決め
2) インローによる位置決め
3) ピン打ちによる位置決め

1) 端面当てによる位置決め

　位置決めとして考えやすい方法ですが、意外と設計で使うことは少ないと思います。また、組立者の不注意で位置がずれる可能性も排除できません。
　端面当てで位置決めをする場合は、広い面積を第1優先基準と設計し、次に広い面積を第2優先基準、最も面積の小さい面を第3優先基準と設定すれば、安定した基準設定が可能となります（図6-24）。

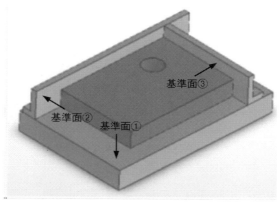

図6-24 端面当てによる基準のとり方

2) インローによる位置決め

　短い円筒形状による位置決めを"インロー"と呼びます。

　組立時に位置がずれることなく、精度の高い位置決めを可能にするもので、設計では多用される構造です(図6-25)。

a) 凸側のインロー　　　　　　　　　b) 凹側のインロー

図6-25 インローの形状例

　インローの直径サイズに決まりはありません。

　周辺の穴やフランジの大きさから、インローの直径を決めるのですが、唯一のよりどころとして使えるのは"標準数"と考えてよいでしょう。

インローとは、水戸黄門で有名な印籠（いんろう）のことなんや！

3）ピン打ちによる位置決め

　インロー形状が設計できない構造の場合、ピンを使って位置決めすることもできます。メンテナンスで部品を分解した後、再度組み立てる際にまったく同じ位置に部品を取り付けたい場合に用います。
　ピン打ちによる位置決めの注意点は、下記の2点です（図6-26）。
・2つのピン穴はできるだけ遠い距離に設定する
・図面を描く際に"合わせ加工"と注記の指示を忘れてはいけない

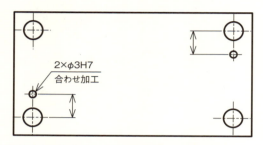

図6-26 ピン打ちにより位置決めする部品の形状例

　ピンは、金型用ダウエルピン（ノックピンとも呼ばれる）や、平行ピンを使うことができます。ダウエルピンは、止まり穴に打ち込む際に取り外しを考慮した、めねじ付きのものがあります。
　金型用ダウエルピンのサイズは、JIS B 1355に規定されています（図6-27、表6-8）。
　ダウエルピンの直径の公差クラスはm6であり、圧入で使うことが前提と考えればよいでしょう。

図6-27 金型用ダウエルピン

表6-8 JIS が規定する金型用ダウエルピンA 形1 種のサイズ（抜粋）

ϕD (m6)	2	2.5	3	4	5	6
L±0.25	6〜20	6〜24	8〜30	10〜40	12〜50	14〜60
ϕD (m6)	8	10	12	13	16	20
L±0.25	16〜80	22〜100	26〜100	40〜100	55〜100	55〜100

平行ピンのサイズは、JIS B 1354に規定され、鋼製およびオーステナイト系ステンレス鋼があります。

平行ピンの直径の公差クラスはm6とh8の2種類があり、m6の方は圧入で、h8の方はすきまばめで使うことが前提と思われます。

図6-28 平行ピン

表6-9 JIS が規定する平行ピンのサイズ（抜粋）

φd (m6、h8)	0.6	0.8	1	1.2	1.5	2
L	2〜6	2〜8	4〜10	4〜12	4〜16	6〜20
φd (m6、h8)	2.5	3	4	5	6	8
L	6〜24	8〜30	8〜40	10〜50	12〜60	14〜80
φd (m6、h8)	10	12	16	20	25	30
L	18〜95	22〜140	26〜180	35〜200	50〜200	60〜200

設計のPoint of view……止まり穴の空気の逃がし

すきまばめの止まり穴にピンを挿入する場合、穴の内部の空気の圧力で、ピンが戻り、組み立てミスを誘発したり、脱落して装置を壊したりすることがあります。

できるだけ貫通穴で設計するか、空気を抜くための対策（Dカットピンを使うなど）を施さなければいけません。

第6章 4 角穴形状の設計

　構造上、歯車などの構造物をハウジングやブロックに内蔵する場合、角穴を開けてそれらを内蔵するように設計します。
　角穴には、次の2種類があります。
・貫通する角穴
・ポケット穴（貫通しない角穴）

1）貫通する角穴の隅の丸み

　切削加工によって、貫通する角穴を加工する場合、エンドミルを使うのが一般的です。このとき、エンドミルの半径分の隅の丸みが付くことをイメージして形状を設計しなければいけません（図6-29）。

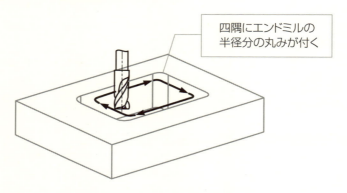

図6-29 貫通する角穴のエンドミル加工

> **設計のPoint of view……エンドミルの直径と加工効率**
> 　加工効率を考慮すると、エンドミルの直径は大きければ大きいほど早く加工が終了します。しかし、隅の丸みが大きくなるため、内蔵される部品との干渉などを考慮して、妥協点を設計者自身で探るしかありません。

ストレート刃エンドミルの直径サイズは、JIS B 4211に規定されています（**表6-10**）。

この規格は、スクエアエンドミルとボールエンドミル共通です。

下記の直径サイズは、JISによるものですが、工具メーカにはそれ以外の直径も用意されている場合がありますので、必要に応じてカタログなどで確認しましょう。

表6-10 JISが規定するストレート刃エンドミルの直径サイズ

| 1 1.2 1.6 2 2.5 3 3.5 4 5 6 7 8 9 10 11 12 14 16 18 |
| 20 22 25 28 32 36 40 45 50 56 63 71 80 90 100 |

しかし、内蔵する部品の形状の都合で、隅の丸みをつけられない場合もあります。このような場合、エンドミルで加工することができません（**図6-30**）。

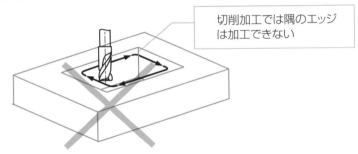

図6-30 エンドミルで加工できない隅の丸みがない角穴

これを解決するには、次の手段が考えられます。
・ワイヤー放電加工→コスト高になる
・隅部に逃がし穴を設ける→エンドミルだけで切削加工可能

特に問題がなければ、隅部に逃がし穴を設ける形状がコストを考えた形状といえます（**図6-31**）。

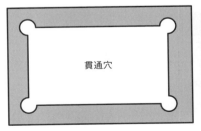

図6-31 逃がし穴をつけてエンドミルで加工できる貫通する角穴形状

2）ポケット穴（貫通しない角穴）の隅の丸み

　切削加工によって、ポケット穴（貫通しない角穴）を加工する場合、エンドミルを使うのが一般的です。このとき、エンドミルの半径分の隅の丸みが付くことをイメージして形状を設計しなければいけません（**図6-32**）。

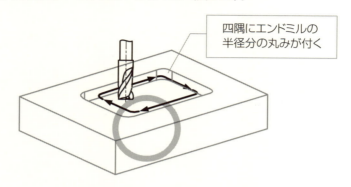

図6-32 ポケット穴のエンドミル加工

　ところが、内蔵する部品の形状の都合で、隅の丸みをつけられない場合もあります。このような場合、エンドミルで加工することができません（**図6-33**）。

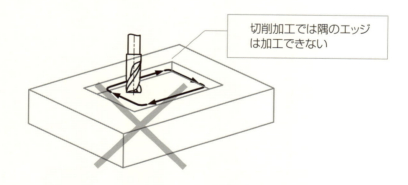

図6-33 エンドミルで加工できない隅の丸みがないポケット穴

これを解決するには、次の手段が考えられます。
・形彫り（かたぼり）放電加工→コスト高になる
・隅部に逃がし穴を設ける→エンドミルだけで切削加工可能

　特に形状的に問題がなければ、隅部に逃がし穴を設けることがコストを考えた形状となります（**図6-34**）。

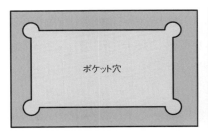

図6-34 逃がし穴をつけてエンドミルで加工できるポケット穴形状

φ(@°▽°@) メモメモ

放電加工（ワイヤー放電・形彫り放電）

　放電加工とは、電極と加工物の間にアーク放電を繰り返すことで、加工物の表面を除去加工する手法で、代表的なものにワイヤー放電加工と形彫り放電加工があります。

- **ワイヤー放電加工**

　一般的に真鍮の細いワイヤーを貫通させて要求する形状になるようにワイヤーを送ることで加工します。

　貫通穴であれば自由な形状を加工することができます。

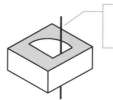

電極（ワイヤー）

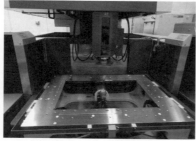

- **形彫り放電加工**

　加工物に作りたい凹み形状と逆の凸形状に作った黒鉛電極または銅電極を加工物に近づけることで加工します。

　ポケット穴のような止まり穴で自由な形状を加工することができます。

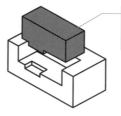

電極（ブロック）

四角い穴以外に、少し複雑な形状の穴を考えてみましょう。

下記の内容は貫通穴でもポケット穴でも同じです。

エンドミルの工具パスを考えると、加工の可否やコストを抑える形状が見えてきます（図6-35）。

a) 工具パスがXY軸方向のみのため汎用フライスで加工できる→コスト安
b) 隅のエッジが加工できないため、エンドミルでは加工不可
c) 一部の隅部で工具パスが円弧移動となるためNCフライスで加工→コスト高
d) 一部の角部で工具パスが円弧移動となるためNCフライスで加工→コスト高

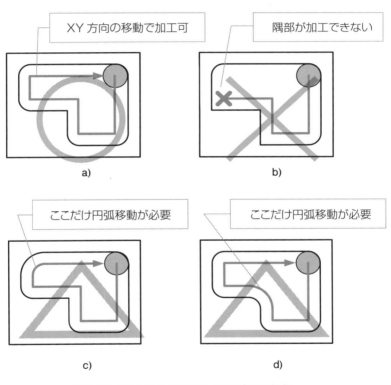

図6-35 エンドミルの形状と工具パスの考慮

3) 貫通する角穴やポケット穴の深さ

隅の丸みと関連するものに切削深さがあります。
一般的に深さが隅の丸みの10倍以上になると、刃の長さが切削深さに影響を与えてしまうことがあります（**図6-36**）。

a) シャンクが穴の側面に接触するため、加工不可
b) シャンクの部分をあらかじめ広げた溝形状にする
c) シャンクの直径を細く加工して、シャンクの接触を防止する

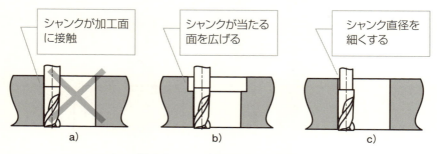

図6-36 エンドミルの刃の長さ

ストレート刃エンドミルの刃の長さは、JIS B 4211に規定されています（**表6-11**）。

表6-11 JISが規定するストレート刃エンドミルの刃の長さ＜抜粋＞

直径	1	2	3	4	5	6	8	10	20	32
刃長(S形)	2	4	5	7	8	8	11	13	22	32
刃長(R形)	3	7	8	11	13	13	19	22	38	53
刃長(M形)	4	8	10	16	19	19	26	32	53	75
刃長(L形)	5	10	12	19	24	24	38	45	75	106
刃長(E形)	6	12	16	25	32	32	50	63	106	150

　上表より、刃長の形式によって刃の長さが大きく異なることがわかります。
　例えば、深さ20mmのポケット穴の場合、隅の丸みはR2以上（直径で4mm以上）のエンドミルを使って加工することになります。
　一般論として、エンドミルで加工できる深さは直径の2～3倍と考えればよいでしょう。

エンドミルによる切削加工の場合、前述のような制約を許容できれば、形状の自由度が高く安価な加工法であることがわかったと思います。
　例えば、下記の形状を確認してください。
　エンドミルを使えば段差部の形状は加工できることがわかると思います。
　このとき、段差部の表面粗さを極めて良好にしたい場合、図面上で研削の指示をしますが、この形状では研削加工できないのです（**図6-37**）。

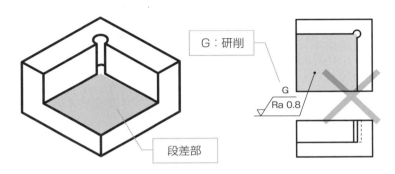

図6-37　研削加工を要求する部品形状例

　まずは、平面研削盤の構造を知りましょう（**図6-38**）。
　平面研削盤は、部品をテーブルに着磁で固定し、テーブルが左右に移動しながら、回転する砥石を部品に押し当てながら研削加工する構造です。

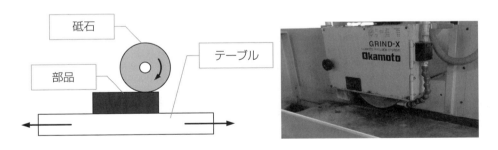

図6-38　平面研削盤の構造

平面研削盤は、砥石が円盤形状であることから、凹み形状の面を全面仕上げることができないのです（**図6-39**）。

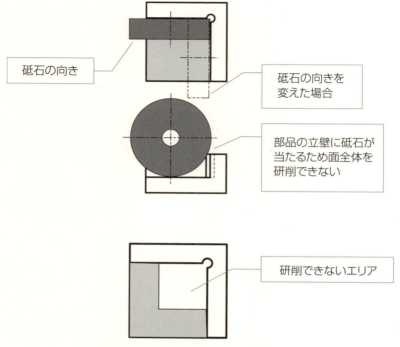

図6-39 平面研削盤で研削できない理由

　したがって、立壁一体型の形状では加工できないため、壁となる部品は別部品にしてねじ止めするなどの構造に変更しなければいけないのです（**図6-40**）。

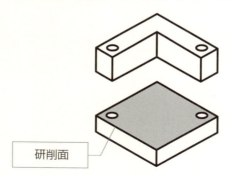

図6-40 分割して研削可能にする形状例

第6章のまとめ

第6章で学んだこと
　ボルトを使って取り付ける際の穴やざぐりの種類を確認しました。また穴を設計する場合、ドリルの溝の長さで深さが制限されること、交差する穴は加工順を問わないように設計しなければいけないこと、エンドミルを使う加工では隅の丸みや刃長を考慮しなければいけないことを知りました。

わかったこと
◆ボルト固定穴は丸穴だけでなく長穴を併用してもよい（P129）
◆ボルトでは位置決めできない（P129）
◆ボルトで位置決めしたい場合は、リーマーボルトを使う（P130）
◆ボルトは軸線方向に荷重を受けるようにする（P130）
◆ボルトにかかる応力を計算した後でねじの数が決まる（P138）
◆深穴の設計はドリルの溝長を確認する（P146）
◆ねじれの位置に開けた穴は加工順に制約が出る（P149）
◆交差する穴は互いに突き抜けるようにする（P150）
◆位置決めはインローを使うことが一般的（P153）
◆ピンによる位置決めは2本のピン位置の距離を大きくとる（P154）
◆角穴を切削する場合、隅部にエンドミルの丸みが付く（P156）
◆大きなエンドミルを使うと加工が早いが隅の丸みが大きくなる（P156）
◆角穴やポケット穴の深さはエンドミルの刃長を確認する（P162）
◆研削が必要な場合、円盤状の砥石で加工できるか検討する（P163）

次にやること
　これまでは切削部品の形状について形状設計時の決まりごとや注意点を学習してきました。しかしコストを考慮すると板金も多用しなければいけません。板金プレス部品形状の注意点を知りましょう。

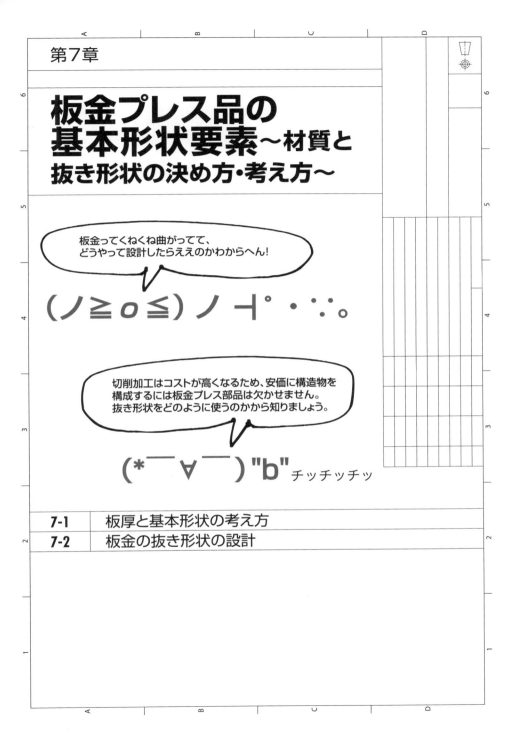

第7章 1 板厚と基本形状の考え方

1）板厚サイズの種類

　板厚サイズは、自社が標準的に使用する材料素材の厚みを把握するところから始めなければいけません。

　自社の"材料標準"が設定されている場合、その標準に推奨する板厚サイズが指定されていることもあり、納期やコストを満足させやすくなります。

　しかし、自社の標準に板金材料が設定されていない場合、JISを確認して、汎用性のある材質と板厚を選定せざるを得ません。

　板金材料は、JISに規定されています。代表的な板金材料を示します（**図7-1、表7-1**）。

a) 鋼板（平板で供給）

b) 鋼帯（ロールで供給）

図7-1 薄板の素材

表7-1 JIS が規定する代表的な板金材料

材質名	JIS規格	用途など
冷間圧延鋼板及び鋼帯	JIS G 3141	一般構造物に適用。防錆のためのめっき要
電気亜鉛めっき鋼板	JIS G 3313	一般構造物に適用
溶融亜鉛めっき鋼板	JIS G 3302	一般構造物に適用
冷間ステンレス鋼板及び鋼帯	JIS G 4305	防錆やめっき剥がれ対策を目的に使用
アルミニウム合金の板及び条	JIS H 4000	軽量化を目的に使用
銅及び銅合金の板並びに条	JIS H 3100	導電性を目的に使用
ばね用ステンレス鋼帯	JIS G 4313	軽荷重の板ばねとして使用
ばね用のベリリウム銅の板	JIS H 3130	導電性を目的にした板ばねとして使用
ばね鋼鋼材	JIS G 4801	重荷重の板ばねとして使用

材質別の板厚は、次のように規定されています(**表7-2**)。

表7-2 JISが規定する代表的な板金材料の板厚

材質		標準厚さ
鋼板	SPCC SPCD SPCE など	0.4 0.5 0.6 0.7 0.8 0.9 1.0 1.2 1.4 1.6 1.8 2.0 2.3 2.5 (2.6) 2.8 (2.9) 3.2
電気亜鉛めっき鋼板	SECC SECD SECF など	0.4 0.5 0.6 0.7 0.8 0.9 1.0 1.2 1.4 1.6 1.8 2.0 2.3 2.5 (2.6) 2.8 (2.9) 3.2 3.6 4.0 4.5
溶融亜鉛めっき鋼板	SGCC SGCD など	(0.27) (0.3) (0.35) 0.4 0.5 0.6 0.7 0.9 1.0 1.2 1.4 1.6 1.8 2.0 2.3 2.8 3.2 3.6 4.0 4.5 5.0 5.6 6.0
ステンレス鋼板	SUS304 SUS430 など	0.3 0.4 0.5 0.6 0.7 0.8 0.9 1.0 1.2 1.5 2.0 3.0 4.0 5.0 6.0 7.0 8.0 9.0 10.0 12.0 15.0 20.0
アルミニウム合金	A2017P A5052P など	0.3 0.4 0.5 0.6 0.7 0.8 1.0 1.2 1.5 1.6 2.0 2.5 3.0 4.0 5.0 6.0
銅合金	C1020 C2801 など	0.1 0.15 0.2 0.25 0.3 0.35 0.4 0.45 0.5 0.6 0.7 0.8 1.0 1.2 1.5 2.0 2.5 3.0 3.5 4.0 5.0 6.0 7.0 8.0 10.0
ばね用ステンレス鋼帯 [*1]	SUS301-CSP など	0.1 0.15 0.2 0.25 0.3 0.4 0.5 0.6 0.7 0.8 1.0 1.2 1.5 2.0
ばね用りん青銅の板	C5210P など	0.05 0.1 0.12 0.15 0.18 0.2 0.25 0.3 0.35 0.4 0.5 0.6 0.8 1.0 1.2 1.5 2.0
ばね鋼	SUP9 SUP10 など	9 10 11 12 (13) 14 (15) 16 (17) 18 (19) 20 (21) 22 (24) 25 (26) 28 (30) 32 (34) 36 (38) 40 (42) 44 45 46 (48) 50 (55) 55 56 (60) 63 (65) 70 (75) 80

※かっこを付した値以外の標準厚さの適用が望ましい
*1 JISに板厚の規定がないためメーカーの在庫表より抜粋

<u>板厚の許容差は、JISで規定されています。</u>

JIS G 3141 冷間圧延鋼板及び鋼帯によると、SPCCなどの板厚の許容差は次のように決められています（**表7-3**）。

表7-3 JISが規定する冷間圧延鋼板（SPCCなど）の板厚の許容差

呼び厚さによる区分	呼び幅による区分				
	630未満	630以上 1000未満	1000以上 1250未満	1250以上 1600未満	1600以上
0.25未満	±0.03	±0.03	±0.03	-	-
0.25以上 0.40未満	±0.04	±0.04	±0.04	-	-
0.40以上 0.60未満	±0.05	±0.05	±0.05	±0.06	-
0.60以上 0.80未満	±0.06	±0.06	±0.06	±0.06	±0.07
0.80以上 1.00未満	±0.06	±0.06	±0.07	±0.08	±0.09
1.00以上 1.25未満	±0.07	±0.07	±0.08	±0.09	±0.11
1.25以上 1.60未満	±0.08	±0.09	±0.10	±0.11	±0.13
1.60以上 2.00未満	±0.10	±0.11	±0.12	±0.13	±0.15
2.00以上 2.50未満	±0.12	±0.13	±0.14	±0.15	±0.17
2.50以上 3.15未満	±0.14	±0.15	±0.16	±0.17	±0.20
3.15以上	±0.16	±0.17	±0.19	±0.20	-

板厚は、意外とばらつくんですね～！

JIS規格では、板厚はプラスマイナスでばらついているけど、実際には呼び厚さよりもマイナス公差側で製作されていると考えればええんやで！

設計のPoint of view……ばね材であることを示す記号を忘れない

ばね用ステンレス鋼帯は、材料記号に続けて、ばね材であることを示す記号（CSP）と調質記号（1/2Hや3/4Hなど）を明示しなければ、ばね材と判別できません。

調質記号のHは焼入れ焼戻しを意味し、硬さとともに引張り強さが変わります。そのため、強度計算に影響が出るので、どれを使うか指示する必要があります。

参考までにばね用ステンレス鋼帯の引張り強さを示します（**表7-4**）。

表7-4 JISが規定するステンレス鋼帯の調質記号と引張り強さ（単位N/mm^2）

調質記号	-1/2H	-3/4H	-H	-EH	-SEH
SUS301-CSP	930以上	1130以上	1320以上	1570以上	1740以上
SUS304-CSP	780以上	930以上	1130以上	-	-

引張り強さが大きいほど安全率を大きくとれるため、どうしても引張り強さの大きな材質を選びがちです。

しかし、元来、硬いものほど折れやすいという特徴があることから、使用目的で使い分けるとよいと考えます。

・板ばねを動的ばね（振幅回数が多い）として使用する場合
　→引張り強さの小さいものを選択する
・板ばねを静的ばね（振幅回数が少ない）として使用する場合
　→引張り強さの大きいものを選択する

φ(@°▽°@) メモメモ

圧延方向の図面指示

板ばねを設計した際に、図面上に「圧延方向」の指示を忘れてはいけません。
曲げ応力と直角方向に素材の筋目が来るように指示することで、応力集中による割れを防止することができます。
目視で圧延方向を確認することは難しく、製造側の管理に頼ることになります。

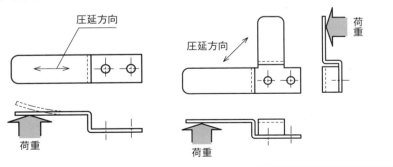

2) 基本形状の考え方

板金を扱う場合、断面係数を意識して形状を設計しなければいけません。
板金形状の断面係数の一例を示します（**表7-5**）。

表7-5 板金形状の断面係数の一例

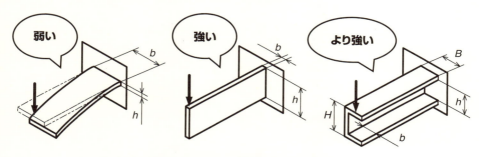

板金部品の設計は、曲げて使うことが基本中の基本です。
断面係数の式より、荷重方向の長さ（Hやh）と厚み（$B-b$や$H-h$）を大きくとるように設計すると強くなることがわかります（**図7-2**）。

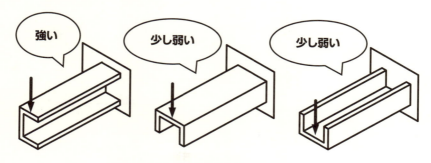

図7-2 板材が受ける荷重の方向と剛性

コの字形の板金部品の場合、同じ形状でも、荷重に対する向きによって、剛性（たわみ難さ）が変化します（**図7-3**）。

図7-3 荷重に対する形状の向きと剛性

第7章 2 板金の抜き形状の設計

1）打ち抜きの普通許容差

板金部品打ち抜きとは、シャーリングマシン、ターレットパンチプレス（通称：タレパン）などによる"せん断加工"です。

個々に公差指示がないサイズ寸法だけに適用するものを"普通許容差（一般公差、普通公差とも呼ぶ）"といいます。

金属プレス加工品の打ち抜きの普通許容差は、JIS B 0408に規定されています（**表7-6**）。

表7-6 JIS が規定する金属プレス部品の打抜きの普通許容差

サイズの区分	A級	B級	C級
6以下	±0.05	±0.1	±0.3
6を超え30以下	±0.1	±0.2	±0.5
30を超え120以下	±0.15	±0.3	±0.8
120を超え400以下	±0.2	±0.5	±1.2
400を超え1000以下	±0.3	±0.8	±2
1000を超え2000以下	±0.5	±1.2	±3

※この表は、等級の名称は異なりますが、切削加工の普通許容差と同じです。

例えば、普通許容差B（ビー）級を適用する企業の場合、次に示す板のせん断長さは図示サイズに対して±0.3のばらつきを許容することになります（**図7-4**）。

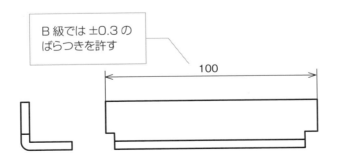

図7-4 打ち抜きの普通許容差

2）抜きによるダレ面とカエリ面

　板金はプレス機械によって打ち抜いて形状を作ることが多くなります。このときに注意しなければいけないのが、"ダレ"と"カエリ（バリともいう）"です（図7-5）。

　加工の抜き方向によって、ダレとカエリが決まってしまうため、ユーザーが手で触って操作する部品やハーネスが接触する可能性のある部分では、カエリによって不具合が発生する可能性があります。

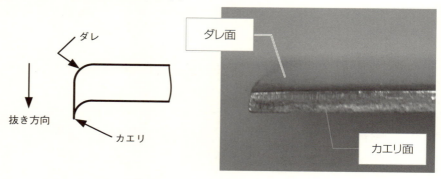

図7-5　ダレとカエリ

| 設計のPoint of view……機能目的で指示するカエリ面 |

　板金部品には、樹脂部品を取り付ける際に"スナップフィット"という、ねじを使わずに「パチン！」と部品をはめ込む構造が多用されます。このような部品には、スナップフィットの樹脂部品が抜けにくくなるよう、"引っかかり面"をカエリ側になるよう図面上で指示します（図7-6）。

図7-6　スナップフィット部品が入る板金のダレとカエリ

JISには、ダレ面やカエリ面であることの記号は存在しません。
そのため、ダレ面やカエリ面であることを図面上で指示したり、必要な個所は糸面取りやカエリなきことなどの注記を記入したりしなければいけません（**図7-7**）。

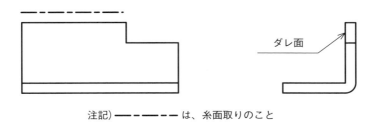

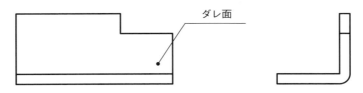

図7-7 ダレやカエリの指示例とその他の指示

設計のPoint of view……板金のデータム面とカエリ

板金部品に幾何公差を記入することも多くなってきました。このときに注意しなければいけないことは、データム面のカエリ取りの指示漏れです。
カエリのある状態でその面をデータム指示しても、カエリの突起分、基準が浮くためです（**図7-8**）。

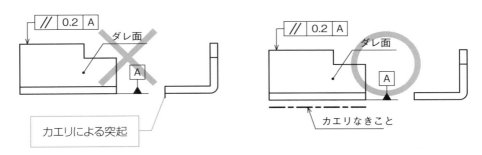

図7-8 データム面とカエリ面の関係

3) パンチ形状の種類

　板金部品の加工は、最初にプレス金型によって穴などを打ち抜きます。

　本項では、様々なパンチ（抜き穴を作る金型）形状を紹介しますが、これらすべての形状を設計で使えるわけではありません。製造側で保有していなかったり、サイズが合わなかったりするからです。

　しかし、レーザー加工すれば自由な形状かつ任意のサイズを加工することができますが、パンチで加工するよりコストが上がります。

　まずは自社、あるいは協力企業が持っているパンチの種類を把握しましょう。

　一般的によく使う基本的なパンチ形状の種類を紹介します（図7-9）。

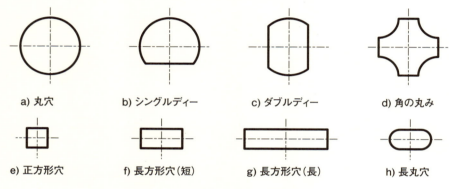

図7-9 よく使うパンチ形状の種類例

　その他の特殊なパンチ形状の一例を紹介します（図7-10）。

図7-10 特殊な形状のパンチ例

4）取り付け用穴、または軸受用穴などの形状

　薄板板金部品の取り付けは、一般的に小ねじで固定します。小ねじを挿入する穴の形状として、丸穴や長穴、角穴、だるま穴を使います（**図7-11**）。

　穴のサイズは一般的に次のように決めます。

- ・基準穴…ねじサイズ＋H10程度のはめあい、ねじサイズ＋0.1〜0.2mm程度
- ・単なるねじ固定穴…ねじサイズ＋0.3〜0.5mm程度
- ・穴間距離ばらつきの吸収…ねじサイズ＋0.1〜0.2mm（短辺）の長丸穴

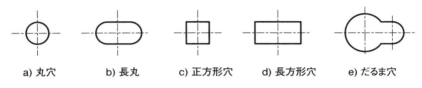

a) 丸穴　　b) 長丸　　c) 正方形穴　　d) 長方形穴　　e) だるま穴

図7-11 小ねじ取り付け用の穴の形状例

設計のPoint of view…だるま穴の活用

　カバーなどを垂直面に取り付ける場合、小ねじとドライバーを持って固定しようとすると、カバーが落ちないように保持することができず組立性が著しく悪化します。

　このようなときに、だるま穴を使えば、組立作業性が向上するとともに、小ねじの落下による製品への異物混入を防ぐことができます。特にメンテナンスで取り外す頻度が多い板金部品に採用します（**図7-12**）。

- ・先に小ねじを相手部品に仮止めします
- ・カバーに設けた"だるま穴"をねじに引っ掛けます
- ・ドライバーで締めます

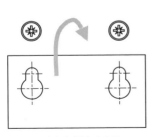 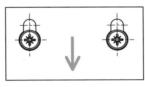 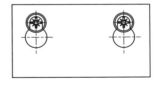

a) ねじを仮止めする　　b) だるま穴の大きい穴にねじ頭を通す　　c) だるま穴の小さい穴にねじを引っ掛け、締める

図7-12 だるま穴の使い方

薄板（3.2mm以下）の板金部品は、座金組込み十字穴付き小ねじを使うのが一般的です。ねじサイズを知ることで穴のサイズの根拠となります。

座金組込み十字穴付き小ねじのサイズはJIS B 1188に規定されています（**図7-13、表7-7**）。

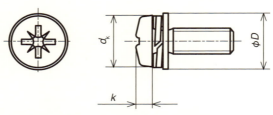

図7-13 座金組込み十字穴付き小ねじのサイズ

表7-7 JIS が規定する座金組込み十字穴付き小ねじのサイズ＜抜粋＞

ねじの呼び	D	d_k	k（最大）
2	4	3.5	1.3
2.5	4.8	4.5	1.7
3	5.5	5.5	2
4	7	7	2.6
5	8.5	9	3.3
6	11.5	10.5	3.9
8	14.5	14	5.2

φ(@°▽°@) メモメモ

穴形状の開放（組立の容易性）

穴に軸受を取り付ける場合、必ずしも全円形状が必要なわけではありません。

板金の設計形状で多用するのが、円の一部だけを切り欠き、軸受に通す軸を切り欠き部から組み、最後に軸受を穴に挿入して軸を固定する構造です。

 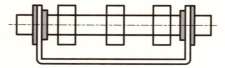

> φ(@°▽°@) メモメモ

カウンターシンク

　板金を皿形状に絞る加工をカウンターシンクといい、一般的に取り付け穴と併用します。切削加工のざぐりに近い用途として、ねじ頭を沈める目的で使います。
　またカウンターシンクの高さをスペーサー代わりに利用することもできます。
　皿形状のものが一般的ですが、製造側に保有しているカウンターシンクの形状とサイズを確認してから設計しなければいけません。
　円形状以外に長丸形状など、型を作る前提であれば、自由な形状に設計することもできます。

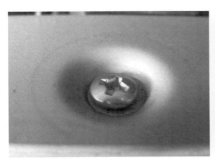 

5) 長穴の活用

　板金部品設計で多用するのが長穴です。

　板金の場合は、標準パンチに長穴があれば、丸穴と同様にワンパンチで穴を加工することができ、コストを気にせずに使うことができます。

　一般的に長穴は次の用途で使います（**図7-14**）。
・穴間距離の位置ずれを許容させる場合
・部品位置の調整に利用する場合

図7-14 長穴の使用例

　長穴を使って部品の位置を調整する場合、長穴の配置によっては、部品の姿勢精度に違いが出ます（**図7-15**）。
・長穴を平行に配置した場合…部品が回転しやすく、姿勢が崩れやすい
・直列に配置した場合…部品が回転しにくく、姿勢を保ちやすい

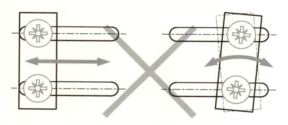

a) 長穴を並列に配置した場合

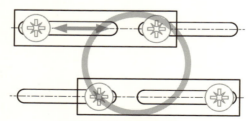

b) 長穴を直列に配置した場合

図7-15 長穴を使った位置調整の構造例

6) 角穴の活用

　軸や小ねじを貫通させる場合は丸穴が多いのですが、機能を満足するのであれば、角穴を次のような場面で使うこともできます（**図7-16**）。
- ・コネクターなど電子デバイスの挿入口とする
- ・コインなどの挿入穴として利用する
- ・正方形の穴で直接軸を受ける
- ・軸のスライドを長方形の穴でガイドする
- ・リンク機構のストッパとして使用する
- ・ハーネスを通す穴として利用する→樹脂製の保護材を端面に付ける必要あり
- ・放熱対策用の通気穴
- ・組立や保守のための覗き穴として利用する
- ・軽量化を兼ねた意匠デザイン

a) 電子デバイスの挿入口

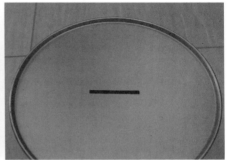
b) コインの挿入口

c) 回転機構のストッパ

d) 意匠デザイン

図7-16 角穴の利用例

7）ねじ穴の形状

　板金のメリットでもありデメリットであるのが、板の厚みです。

　特にねじ加工する場合には、厚みが薄すぎて必要十分なねじ長さを確保することができません。

　JISに規定はありませんが、一般的に用いられる材質と厚みとねじサイズの関係を示します（表7-8、表7-9）。

表7-8 軟鋼板やステンレス鋼板のねじ加工限界

板厚 t	M3		M4		M5	
	-	バーリング	-	バーリング	-	バーリング
0.8	×	○	×	×	×	×
1.0	×	○	×	○	×	×
1.2	×	○	×	○	×	×
1.5	○	○	○	○	×	○
1.6	○	○	○	○	×	○
2.0	○	-	○	○	○	○
2.3	○	-	○	○	○	○

※上記は一般的な判断基準です。詳細は製造側と調整ください。

表7-9 アルミ合金板のねじ加工限界

板厚 t	M3		M4	
	-	バーリング	-	バーリング
1.0	×	×	×	×
1.5	×	○	×	○
2.0	○	-	○	-
3.0	○	-	○	-

※上記は一般的な判断基準です。詳細は製造側と調整ください。

φ(@˚▽˚@)　メモメモ

バーリングによるねじ（バーリングタップ）

　板金素材に下穴を開けた後、金型で穴周辺を山形に塑性変形させ、最後に穴の部分にタップ加工をするものです。薄い板厚でも山形に絞ることでねじの有効長さを稼ぐことができるのです。

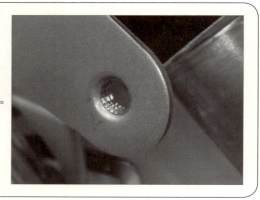

薄板板金にねじを加工するには、板厚の制約によってサイズの小さなねじしか加工することができないことがわかりました。
　大きなサイズのねじを使用したい場合は、板金そのものにねじを加工するのではなく、ナットを溶接する選択肢もあります。
　板金に溶接するナットを"ウェルドナット"といい、プロジェクション溶接によって固定します。逆に溶接するボルトを"ウェルドボルト（ねじ付きスタッドともいう）"といい、抵抗スタッド溶接によって固定します（**図7-17**）。

図7-17 溶接されたウェルドナット

φ(@°▽°@) メモメモ

プロジェクション溶接と抵抗スタッド溶接の記号

　プロジェクション溶接とは、部材の突起（プロジェクション）部に電流を集中させて発熱を得るスポット溶接の一種で、溶接ナット（ウェルドナットともいう）を接合します。溶接記号はスポット溶接と同じ記号を使います。
　溶接ナット（ウェルドナット）は、JIS B 1196 に規定されています。
　パイロット（位置決めできるインロー部）付きのウェルドナットを採用すると、溶接作業性が格段に上がります。溶接ナットの相手部品の穴サイズとサイズ公差も明記されていますので参考にしましょう。

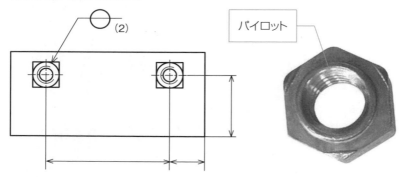

　抵抗スタッド溶接とは、ボルトやナットの形状をした突起部（スタッド）と相手材間にアークを発生させて圧着する溶接方法です。
　溶接ボルトは、JIS B 1195 に規定されています。ただし、下の写真に示したスタッドボルトとは異なる形状ですので注意してください。
　どの型番のスタッドボルト、あるいはスタッドナットを使うのか、図面上で指示しなければいけません。

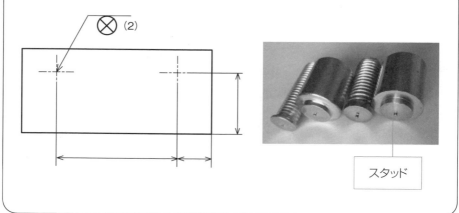

8）ニブリング（追い抜き）

　様々な形状のパンチを使って、ニブリング（追い抜き）することで、形状設計の自由度を上げることができます。

　例えば、5×15の長方形パンチをニブリングで加工する場合をイメージしましょう。

　設計形状で5×20の穴を開けたい場合、標準パンチにそのサイズがないとします。このとき、5×15の長方形パンチを2回、位置をずらして打ち抜くことで5×20の穴を打ち抜くことができます（**図7-18**）。

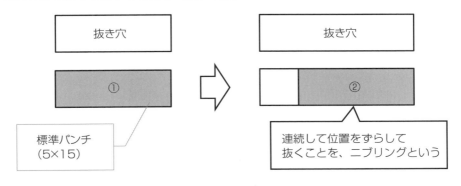

図7-18 ニブリングで作る形状

　同様に、5×15の長方形パンチを90°回転させて使うことで異形形状の抜き穴を作ることができます（**図7-19**）。

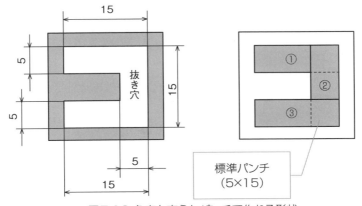

図7-19 角度を変えたパンチで作れる形状

設計のPoint of view…微小なニブリングの禁止

　基本形状のパンチを組み合わせて、様々な抜き形状を作り上げていきますが、ニブリング量が板厚以下になると、パンチが板材を打ち抜く際にパンチが滑り、要求する形状を製作できない場合があります。

　例えば、板厚1.6mmの板に5×5.5の長方形の穴を開けたい場合、正方形（5×5）のパンチを2回ニブリングで穴を製作します。ところが、2回目の抜きの際に、パンチが0.5mmしか板材に掛からないので、パンチが滑り要求する形状を打ち抜きできない場合があるのです（図7-20）。

　したがって、微妙なサイズの抜き形状を設計しないように気を付けなければいけません。

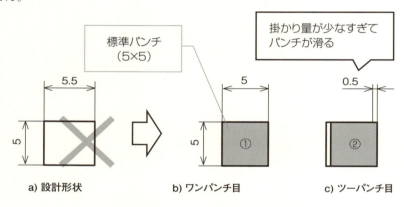

図7-20 微小なニブリングとなる悪い形状例

標準パンチをうまく使うことで、形状製作の自由度が上がります。

例えば、標準パンチにない大きな円弧形状を作りたい場合、パンチがないためレーザー加工によって切断するのが一般的です。

レーザー加工はタレパン加工に比べるとコスト高になるため、タレパン加工できるようにニブリングを指示することができます。

しかし、ニブリングで製作した円弧部はギザギザした形状になるため、機能上なめらかな円弧形状が必要な場合やユーザーが直接触れる部品には不向きとなります（**図7-21**）。

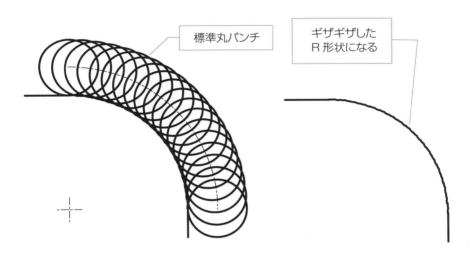

図7-21 ニブリングによる円弧形状製作例

タレパン加工が前提の部品でニブリング加工してもよい場合は、図面に「ニブリング可」などと注記を記入しなければいけません（**図7-22**）。

ユーザーが触れる恐れのない内部に位置する部品や後工程で溶接やグラインダー処理が入る部品は、ニブリングによるギザギザ部が処理されるため積極的に使うとよいでしょう。

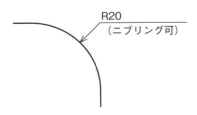

図7-22 ニブリングの図面指示例

第7章　板金プレス品の基本形状要素〜材質と抜き形状の決め方・考え方〜

9）加工限界となる最小サイズ

　製品のダウンサイジング化を目的としたり、スペースに制約があったりする場合、突起や切り欠き、丸穴などを小さく設計したいと考えるのが設計者です。

　まずは、一般的な突起と切り欠きの最小サイズを知りましょう（**図7-23**）。

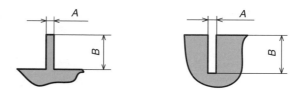

形状	幅Aの前提	突起や切り欠きが変形しない長さB
突起量	$A \geqq 1.5t$（ただし$A \geqq 1$mm）[t:板厚]	$B \leqq 4A$
切り欠き量		

※上記の関係式は一般的な値で保証値ではありません。詳細は製造側と調整ください。

図7-23 最小突起と最小切り欠きのサイズ限界

　次に、丸穴の最小サイズを知りましょう（**図7-24**）。

パンチで抜けない小径穴は、コスト高になりますが、ドリル加工や細穴放電加工になります

加工法	材質	最小穴径d	
プレス	SPCC、アルミ	$d \geqq t$	[t:板厚]
	SUS	$d \geqq 2t$	
レーザー	SPCC、アルミ	$d \geqq t$	
	SUS		

※上記の関係式は一般的な値で保証値ではありません。詳細は製造側と調整ください。

図7-24 最小穴径のサイズ限界

10）加工限界となる穴と端部の距離

端部に穴を開ける場合、端部との距離は、一般的に次のようにします（図7-25）。
- ・小ねじの取り付け穴など精度が不要な穴…最低、板厚の1.5倍以上
- ・軸の挿入穴など精度が必要な穴…最低、板厚の2倍以上
- ・角穴など…最低、板厚の3倍以上

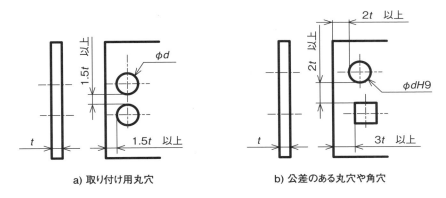

図7-25 加工限界となる穴と端部の距離

端の限界位置に穴（開放穴を含む）を開けたために、ねじ頭がはみ出すと、設計的に美しくないうえ座面全体が均一に面接触せず、ねじゆるみの怖れもあります（図7-26）。

このような場合は、ねじ頭のサイズやワッシャのサイズを調べて、板材からはみ出さないように位置に穴を開けなければいけません。

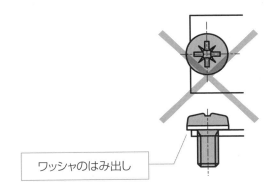

図7-26 穴を端に開けすぎてねじ頭が板材からはみ出した例

11）取り付け用穴の設計の考え方

　板金部品は、切削加工部品と比べると部品精度や組立精度を上げることができません。したがって、板金部品を取り付ける際に、組み立ての精度を上げるような設計を心掛けなければいけません。

　例えば、L字形の板金部品を台座の上に、4本のボルトで固定して平行に取り付けたいという設計意図がある場合を考えてみましょう（**図7-27**）。

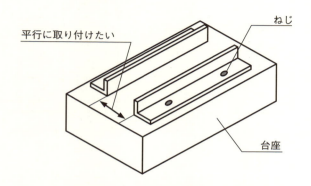

図7-27 L字形部品の取り付け構想例

　何も考えずにM6のボルトで固定するように部品を設計すると、次のような穴の配置で設計するかもしれません（**図7-28**）。
　下図を見ると、穴のサイズや穴位置が適当に配置されているのがよくわかります。

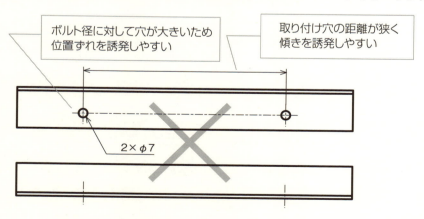

図7-28 L字形部品の取り付けの姿勢を考慮しないプアな設計例

特に、平行度のような取り付けの姿勢を制御したいのであれば、2つの穴の距離を最大限に離すことで傾きを抑え、基準穴と長穴を組み合わせ、それらのサイズを最小限にすることで位置ずれや傾きを防ぐことができます（図7-29）。

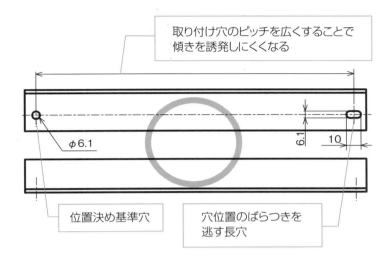

図7-29 L字形部品の取り付けの姿勢を考慮した穴の設計例

第7章のまとめ

第7章で学んだこと
　板金部品は切削部品と比較してコストを安くして形状を作ることができることから、コストを重要視する製品で多用されることと、板金の素材と抜き形状の使い方を知りました。

わかったこと
◆JISで決められた標準厚さの板材を選択しなければならない（P169）
◆厚みの許容差はプラスマイナス公差で規定されている（P170）
◆厚みはマイナス公差側で製造されていると考えてよい（P170）
◆板ばねとして使う場合、ばね材である材質記号を記入すること（P171）
◆断面係数が強度や剛性に大きく影響する（P172）
◆打ち抜き（せん断）の普通許容差は切削と同じ（P173）
◆打ち抜きによるダレ面やカエリ面を意識して設計する（P174）
◆標準パンチを使って打ち抜ける形状を設計する（P176）
◆微小なニブリングは加工できない（P186）
◆最小形状となる加工限界を知って設計すること（P186）
◆位置決めは2つの穴の距離を大きくとる（P191）
◆位置ばらつきを許容できる長穴をうまく使うこと（P191）

次にやること
　板金部品は、打ち抜いて平板のままで使うことは少ないといえます。機能を満足させるため、あるいは強度を持たせるために曲げを追加して使うことが一般的です。曲げの部品形状の注意点を知りましょう。

第8章

板金プレス品の基本形状要素～曲げ、位置決め、接合の形状設計～

曲げるって、L形に曲げるだけしかないんとちゃうん!?

(ノ≧o≦)ノ ┴ °・∵。

板金設計の醍醐味は、曲げを組み合わせることで、様々な特性が得られることです。

(*￣∀￣)"b" チッチッチッ

8-1	板金の曲げ形状の設計
8-2	板金の位置決め形状の設計
8-3	板金の接合形状の設計

第8章 1 板金の曲げ形状の設計

1）曲げの精度

　板金部品の最大の特徴は、曲げることで形状の自由度や強度・剛性が飛躍的に向上することです。従来、切削加工していた部品のコストダウン策として採用することもできます。

　金属プレス加工品の曲げおよび絞りの普通許容差は、JIS B 0408に規定されています（表8-1）。
・曲げとは、プレス機械を用いて、金属板を所定の形状に曲げること。
・絞りとは、プレス機械を用いて、金属板を所定のカップ形状に成型すること。

表8-1 JIS が規定する金属プレス部品の曲げおよび絞りの普通許容差

サイズの区分	A級	B級	C級
6以下	±0.1	±0.3	±0.5
6を超え30以下	±0.2	±0.5	±1
30を超え120以下	±0.3	±0.8	±1.5
120を超え400以下	±0.5	±1.2	±2.5
400を超え1000以下	±0.8	±2	±4
1000を超え2000以下	±1.2	±3	±6

　上記の曲げおよび絞りの普通許容差と、第7章に示した「金属プレス部品の打ち抜きの普通許容差」を比べると、曲げや絞りの公差の方が大きく、打ち抜きよりも曲げの方が、加工精度を上げることが難しいことがわかります。
　例えば、普通許容差B（ビー）級を適用する企業の場合、次に示す曲げ幅は図示サイズに対して±0.8のばらつきを許容することになります（図8-1）。

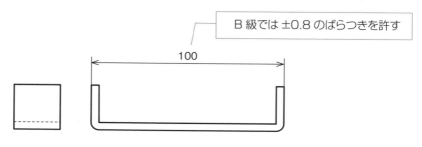

図8-1 曲げの普通許容差

2）曲げと剛性

　板金設計における設計者の腕の見せ所が、曲げを効果的に利用した形状を設計することです。
　例えば、曲げた平板に荷重を受けるブラケットで考えてみましょう。単純に曲げただけでは強度アップにならない場合もあるのです（**図8-2**）。

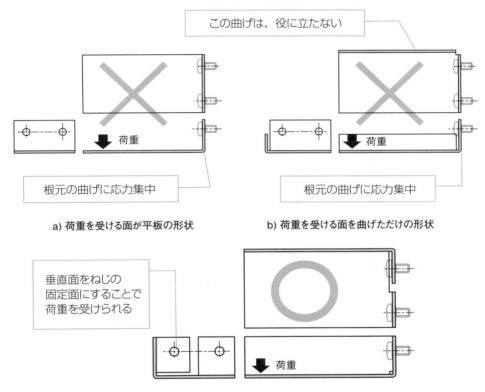

図8-2 荷重に対して強度や剛性を考えた板金設計（1）

設計のPoint of view…荷重と平行な曲げ面を固定面とつなぐ

　強度や剛性を上げる形状にするポイントは次の2点です。
・荷重と平行に曲げを作ることで断面係数を大きくする
・荷重を取り付け面に効果的に逃がす構造にする

ねじなどの固定面や当て面で荷重を受けるその他の構造例を紹介します（図8-3）。

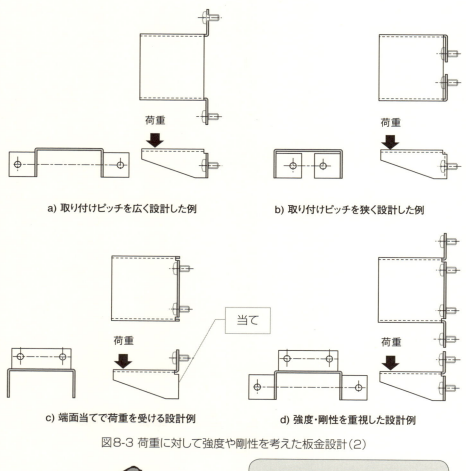

図8-3 荷重に対して強度や剛性を考えた板金設計（2）

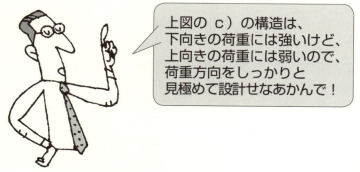

上図の c ）の構造は、
下向きの荷重には強いけど、
上向きの荷重には弱いので、
荷重方向をしっかりと
見極めて設計せなあかんで！

同じ断面形状でも、荷重の方向が変わると剛性が変化します。

4回曲げのステー（一般的に、"ハット曲げ"という）が曲げ応力を受ける場合、その荷重を受ける向きで剛性が異なります。

曲げによる引張応力を受ける側の見かけの幅は、$W_1 < W_2$ となり、幅の大きい方が剛性アップに寄与するのです（**図8-4**）。

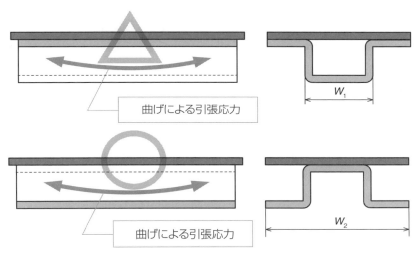

図8-4 曲げたステーの向きによる剛性の違い

3) スプリングバックの考慮

せん断加工に比べて曲げ加工の精度が悪くなる要因がスプリングバックです。スプリングバックとは、曲げ加工直後に曲げが戻る現象をいいます（図8-5）。

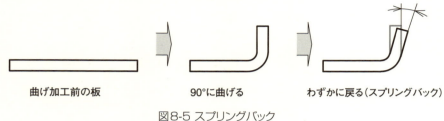

図8-5 スプリングバック

板金加工は、"応力-ひずみ線図"でいうと塑性領域まで変形を与えることで板が曲がります。ちなみに板金材料は、軟鋼の部類になります。

しかし与えたひずみの全てが変形量になるわけではく、弾性領域の傾き分だけ元に戻ろうとすることで、スプリングバックが生じるのです（図8-6）。

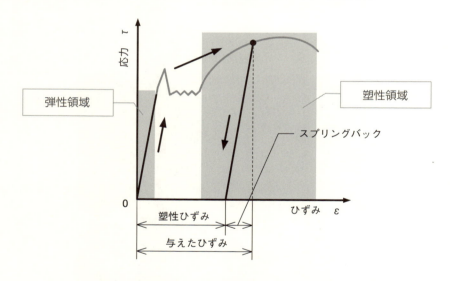

図8-6 軟鋼の応力-ひずみ線図とスプリングバックの理屈

設計のPoint of view…曲げの回数と位置精度

　スプリングバック量は、冷間圧延鋼板（SPCC）より硬い素材であるステンレス鋼板（SUS）やばね材の方が大きく、板厚が薄く曲げRが大きいほど大きくなるという特徴があります。

　したがって、曲げの回数が多くなればなるほどスプリングバック量が累積し、CADで描いた形状から変形する場合があります。

　例えば、曲げ回数の多い板ばね材をアース（接地）目的で使う接点を設計する場合、接点が宙に浮くなど接触不良の不具合を起こすことがあるので注意しなければいけません（図8-7）。

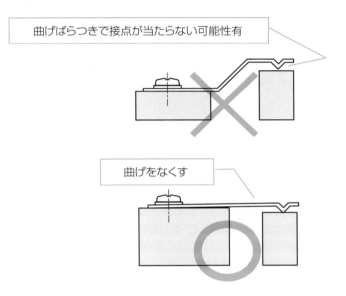

図8-7 多数曲げの板ばね接点の形状改善例

設計のPoint of view…加工方法とばね荷重の注意点

　板ばねを打ち抜きで加工する場合、カエリ（バリ）の影響によって設計値より大きな荷重を発生する可能性があります。次のように図面上で指示しましょう。

　　注記）　打ち抜きによるカエリなきこと（バレル加工可）

　板ばねをレーザー切断する場合、切断部のドロス（熱によって材料が溶け硬化した残留物）の影響によって設計値より大きな荷重を発生する可能性があります。次のように図面上で指示しましょう。

　　注記）　レーザー加工時は、バレル加工によって端部のドロスを除去すること。

4）加工限界となる最小曲げ高さ

　曲げ加工は、プレスブレーキ（通称：PBまたはブレーキ、ベンダーともいう）で曲げることが一般的です。

　プレスブレーキに曲げ加工前の平板（ブランク）をセットする際に、板の端面がダイのＶ溝をまたぐ必要があるため、最低曲げ高さに制約が出ます（**図8-8**）。

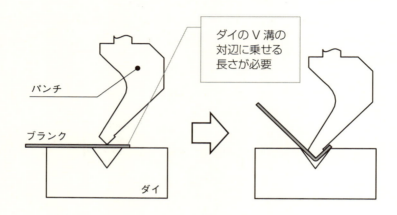

図8-8　プレスブレーキによる曲げ加工

　曲げが変形しない最低高さは、パンチとダイのサイズに依存するため、一概にサイズを指定することができませんが、次の式を目安にして設計するとよいでしょう（**図8-9**）。

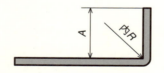

形状	曲げが変形しない最低高さA
曲げ高さ	$A \geqq 2t + $内$R$ （ただし、$A \geqq 2$mm） ［t：板厚　一般的に$R=t$］

※上記の関係式は一般的な値で保証値ではありません。詳細は製造側と調整ください。

図8-9　プレスブレーキによる曲げ高さ限界サイズ

5）曲げ部横の逃がし

　平板をL形に曲げる場合は問題ないのですが、曲げ面と切断面を同一面で、あるいは曲げの方が切断面より内側に食い込む形で曲げる場合、加工できない形状で設計する人が多く存在します（**図8-10**）。

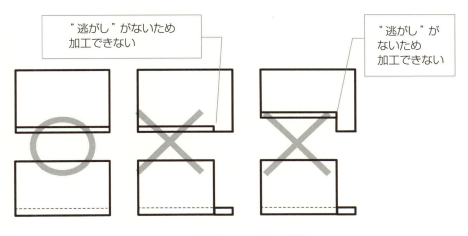

図8-10　曲げ加工できない形状

上図のように曲げられない形状は、逃がし溝を設けなければいけません。一般的な逃がしサイズを示します（**図8-11**）。

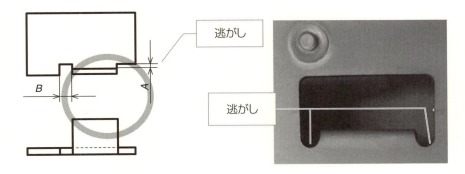

形状	加工するための逃がしサイズ
逃がし量	$A \geqq 1t$ [t:板厚]
逃がし幅	B＝標準パンチのサイズ

※上記の関係式は一般的な値で保証値ではありません。詳細は製造側と調整ください。

図8-11　曲げ部横の逃がしサイズ

逃がし溝がない状態で曲げ面と板の切断面を同一面で、あるいは曲げの方が内側に食い込む形で曲げたい場合、レーザー加工によるスリット（切込み）を入れることで加工が可能になります。

　レーザー加工によるスリットの長さは、加工にお任せにすることが多く、投影図にスリットの線を記入し、レーザー加工することを図面に明記しなければいけません（**図8-12**）。

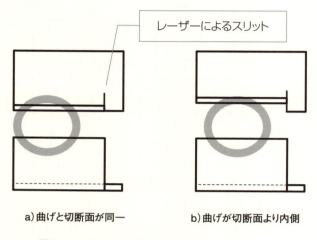

a）曲げと切断面が同一　　　b）曲げが切断面より内側

図8-12 逃がし溝の代わりとなるレーザースリット

6）加工限界となる曲げ幅と高さ

一般的な90°曲げの加工法を見てみましょう。

ブランク（曲げ加工する前の平板）をプレスブレーキに挿入し、バックゲージに当てます。次にパンチを下ろして板を曲げるという工程になります（図8-13）。

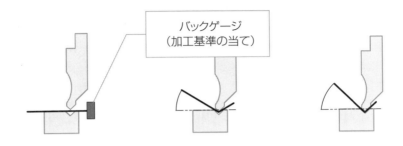

図8-13 90°曲げの工程

L形の板金曲げは、加工の制約を受けることは少ないため、形状設計時は特に気にすることはありません。

しかし、コの字形に曲げた場合や曲げ回数の多い形状は、パンチと板が干渉して曲げることができない場合があります。

同じ曲げの高さでも、幅が狭くなるほど加工ができなくなる可能性が高くなります（図8-14）。

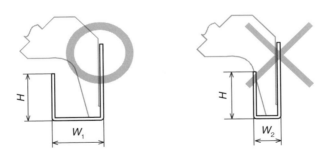

図8-14 コの字曲げ加工の制約

上記のHとWの関係は、自社あるいは協力企業がどのような種類のパンチを持っているかで決定します。

したがって、パンチの種類とその形状を把握し、CAD上で加工できるかどうかを確認しなければいけません。もし、加工できないことがわかった場合は、部品を分割して設計し、溶接やねじ止めで固定するように変更しなければいけません。

幅の狭い形状を加工する場合、次に示す"グースネック形パンチ"や"直剣形パンチ"が使われます（**図**8-15）。

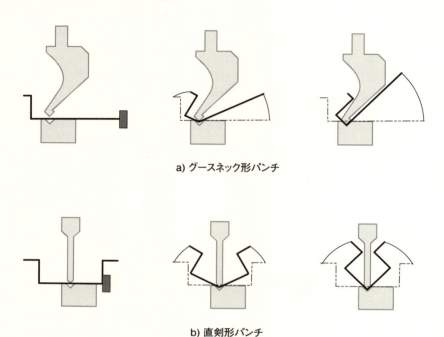

a) グースネック形パンチ

b) 直剣形パンチ

図8-15 特殊なパンチによる曲げの例

7）曲げ部品の精度を出す加工法

　曲げ部品の高さや幅のサイズ精度を要求する場合、切削加工でいう"逃がし"の寸法が必要です。

　切削加工部品のように参考寸法で指示する必要はありませんが、全ての面に厳しいサイズ公差を記入すると加工が大変難しくなります（図8-16）。

　これは、ブランクという平板を打ち抜いた後に曲げ加工するため、ブランクのサイズばらつきや曲げ位置のばらつきによって公差を満足させることが大変難しくなるためです。

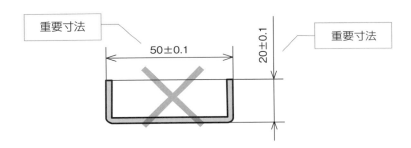

a) 両端の高さと幅の全ての精度を要求

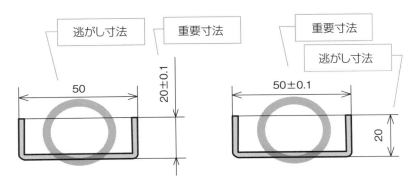

b) 両端の高さのみ精度を要求　　　　c) 幅のみ精度を要求

図8-16 曲げ部品の公差の関係

精度を出すための加工手順を知れば、形状設計に役に立ちます。

要求する公差をどの部分に要求するかによって、加工手順が変わります。

プレスブレーキの場合、板のバックゲージへ当てる場所の違いで精度が決まるのです（**図8-17**）。

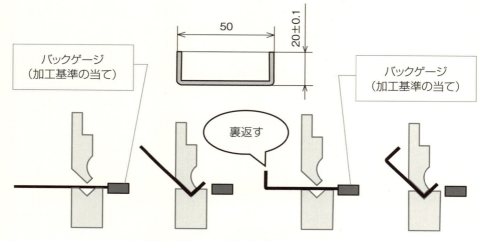

a) 両端の高さのサイズ公差を満足させるための工程

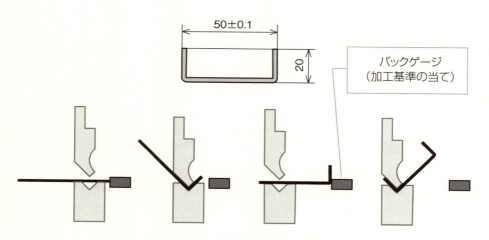

b) 曲げ幅のサイズ公差を満足させるための工程

図8-17 公差指示場所による工程の違い

8）加工限界となる曲げに近い穴
①穴を変形させないために必要な距離

曲げ形状で注意しなければいけないものが、曲げ部に近い穴やねじの変形です。

板金を曲げる際に、曲げ部の外側に引張り応力、内側に圧縮応力を受けるため、曲げに近い抜き形状が変形して機能を果たさない可能性があります。

そのため、曲げの内側から穴の端部までの距離を確保しなければいけません（図8-18）。

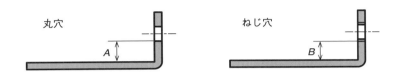

形状	穴が変形しないための穴端部までの距離
丸穴	$A \geq 2t + 内R$ [t:板厚　一般的に$R=t$]
ねじ穴	$B \geq 2t + 内R + 0.5$ [t:板厚　一般的に$R=t$]

※上記の関係式は一般的な値で保証値ではありません。詳細は製造側と調整ください。

図8-18　穴が変形しないための距離

上記の条件を満足できない穴に対して、曲げによって穴が変形してもかまわない場合は、図面の該当部の穴に「曲げによる変形可」と明記するとよいでしょう。

②穴を変形させないための抜き穴

　曲げの影響によって穴を変形させたくない場合、穴が変形しないための距離を守らないといけないのですが、スペースなどの関係で、その距離を守れない場合もよくあります。

　このような場合には、穴が変形しないよう抜き穴を設けることで、穴の近辺から曲げる面を排除すればよいのです（**図8-19**）。

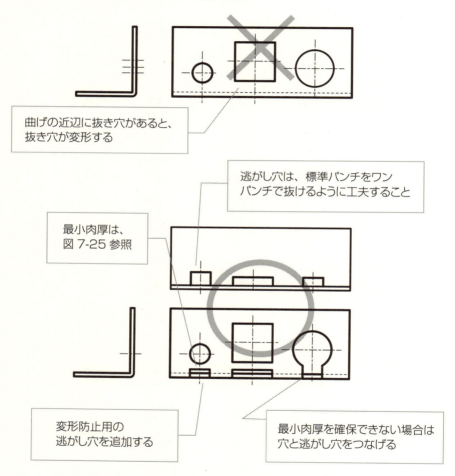

図8-19 穴を変形させないための形状の工夫（1）

③穴を変形させないための切り起こし

曲げの近辺にある穴で、どうしても全円の形状を残したい場合や、曲げ面位置に穴やねじ穴を要求する場合、"切り起こし"という形状を使うことができます（図8-20）。

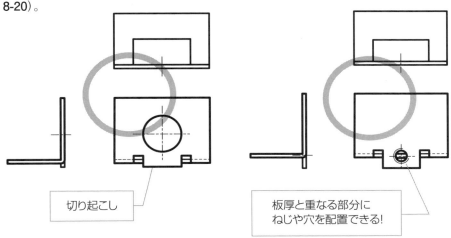

図8-20 穴を変形させないための形状の工夫（2）

設計のPoint of view…曲げ部の抜き穴による強度低下に注意

穴の形状を実現させるために、逃がし穴を設けることで対応できることを知りました。

これらの部品に振動や衝撃荷重がかかる場合、曲げ部でつながっている部分が少なくなっているので、繰り返し応力を受けて破断する恐れがあります。

リンク機構などで動作回数が多いものほど破断の可能性が高くなります。

例えば、ソレノイドの動作によって衝撃荷重を受けるリンク部品には、曲げ部に抜き穴を作らないように設計するか、抜き穴の影響を受けないよう幅を広く設計しなければいけません（図8-21）。

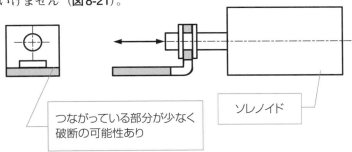

図8-21 衝撃荷重によって破断する可能性のある形状例

第8章 2 板金の位置決め形状の設計

　図面に固定する"位置の寸法"を記入して、その場所で"ねじ止め"、あるいは"溶接"するよう指示した図面が散見されます。
　しかし、工場のラインで位置を決めるための時間や冶具の作成を考えると、組立工数増によるコストアップや位置ずれの恐れなど不安の方が大きくなってしまいます。
　そのため、部品の形状で位置が決まる構造を設計すべきです。

　板金を互いにねじ止めしたり、溶接で接合したりする際に、板金独特の位置決めアイテムを利用することができ、作業性が飛躍的に向上します。

1）ダボ（半抜き、ハーフパンチ、ハーフピアスともいう）
　板金部品同士を互いに位置決めして、ねじ固定やスポット溶接固定する際に、最もよく用いられるのが"ダボ"と呼ばれる半抜きの直径2mm〜5mm程度の円形の突起です（**図8-22**）。

図8-22 ダボの形状

　ダボの直径や突起代はJISで規定されていません。
　設計標準に設定されているかを確認するか、製造側からスペックを聞き取らないといけません。

企業のコストダウン活動で最初に目を付けるのが、ねじ本数の削減です。
　通常、部品を固定する際に、1本のねじだけで締め付けると部品が回転するうえ、ねじも緩んでしまいます。このような時に2か所のダボを設ければ位置決めと回転止めになり、1本のねじだけ固定できるのです（**図8-23**）。

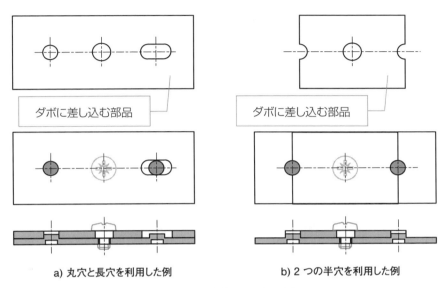

図8-23 ダボの使い方の例

　溶接の位置合わせも同様です。位置を寸法指示するより、ダボ使って位置決めし、スポット溶接する方が圧倒的に作業しやすいのです（**図8-24**）。

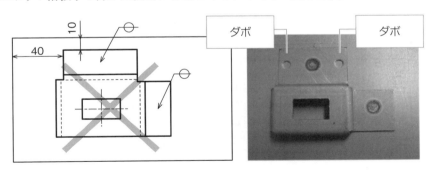

図8-24 ダボによるスポット溶接の位置決め

ダボは、一般的に穴に差し込んで位置決めに使いますが、ダボの突起の端部を使って位置決めすることもできます。このとき、ダボ2点では部品の位置決めが安定しないため、ダボ3点が必要となります（**図8-25**）。

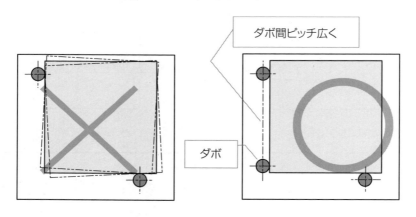

a) ダボ2点による位置決め　　　　　　b) ダボ3点による位置決め

図8-25 ダボ端面を使った位置決め例

設計のPoint of view…位置決め以外にも使えるダボ

　ダボは位置決め以外に、ダボの突起を利用して隙間を確保し、リンク板をダボの面だけで接触させて動作時の抵抗を減らすという使い方もできます。
このとき、ダボ位置は回転中心からできる限り遠ざけるとよいでしょう（**図8-26**）。

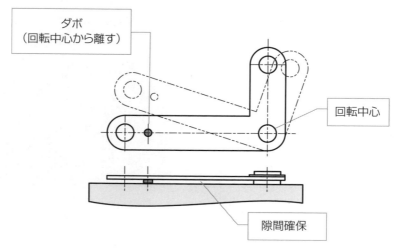

図8-26 ダボによる隙間確保の例

2）板の差し込み

　板の位置決めや回り止めとして、ダボ以外に板の差し込みを使うことができます。標準パンチにあるような長穴の短辺は、せいぜい2mm～3mmです。

　その穴に1mm程度の板を差し込んでも、がたつきが大きく位置決めとしての役目を果たしません（**図8-27**）。

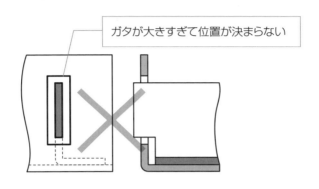

図8-27 位置決めできない差し込み用の穴形状例

　そこで、角パンチを組み合わせて、板厚＋α分だけのスリットを作り、そこに板を差し込めば、比較的、精度の高い位置決めができます（**図8-28**）。

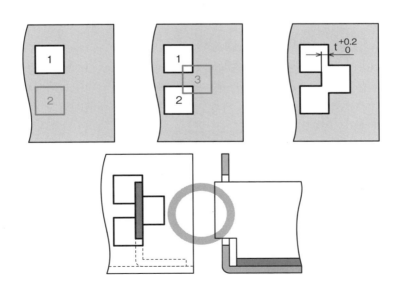

図8-28 位置決めできる差し込み用の穴形状例

第8章　板金プレス品の基本形状要素～曲げ、位置決め、接合の形状設計～

3) 端面当て

これまでに板金の特徴として、曲げ面よりはせん断面の方が精度を出せるということを知りました。

そのため、端面で位置を決めるという選択肢も可能です。この場合、当てる端面には"ノッチ"が無いように図面に指示しなければいけません（**図8-29**）。

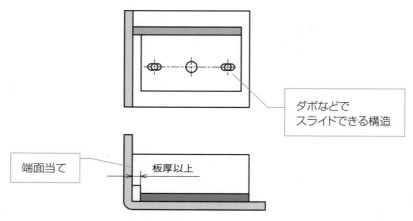

図8-29 端面当てによる位置決め例

板の端面を位置決めとして使用する場合、切断面に段差があると精度が悪くなります。そのため、端面当てする切断面には「ノッチ無きこと」を図面で指示するとよいでしょう（**図8-30**）。

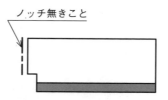

図8-30 ノッチに関する注記例

> φ(@°▽°@) メモメモ
>
> **ノッチ**
>
> 　板金で使うノッチとは、V溝を指す場合と継ぎ目の突起を指す場合があります。
> 　本項でいうノッチとは、ターレットパンチプレスで標準パンチを追い抜きする際に、パンチの位置ずれによってできる継ぎ目跡の微小な突起をいいます。

曲げのある部品を端面当てする場合、曲げ部が約0.15t膨らむため、正確な位置決めができません。この場合、曲げ部に切り欠きを付けます（**図8-31**）。

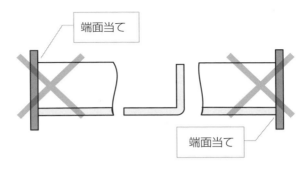

a) 曲げ部品の端面当ての構造例

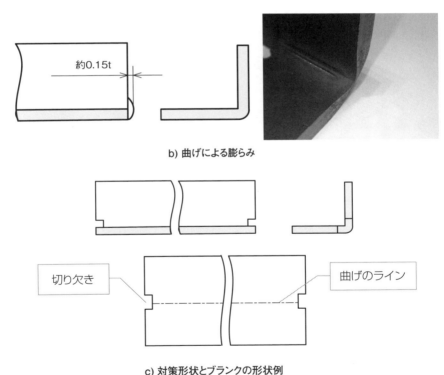

b) 曲げによる膨らみ

c) 対策形状とブランクの形状例

図8-31 曲げ面の端面当てによる位置決めの注意点

第8章 3 板金の接合形状の設計

1）スポット溶接

板金接合で、一般的に用いられるのがスポット溶接です。

スポット溶接とは、抵抗発熱(ジュール熱)を利用して金属の接合を行うものです。2枚の金属板を棒状の電極の間にはさみ、加圧しながら短時間に大電流を流すことで板金母材を局部的に溶かして接合する方法です。

①スポット溶接の受ける荷重方向

スポット溶接によって、材料が溶けて接合された部分を"ナゲット"といいます。ナゲットは、せん断荷重に強く、はく離荷重に弱いという特徴があります（図8-32）。

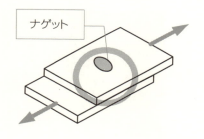
a) せん断荷重

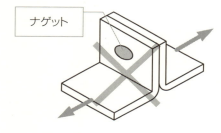
b) はく離荷重

図8-32 スポット溶接部の受ける荷重方向の注意点

φ(@°▽°@) メモメモ

スポット溶接機

スポット溶接機は、上下に配置したチップ（電極）で2枚の板を挟んで溶接します。

「加圧→通電→開放」の一連の動作がタイマで自動化されており、溶接速度が速く、作業者の熟練を必要としないことが特徴です。

スポット溶接の打点位置が、接合する部品の強度に影響を及ぼします。
　荷重を受けるポイントに対して、スポット溶接の打点の位置が遠いと、溶接部にはく離方向の力を受けることになります。
　そのため、スポットの打点の位置は、荷重を受けるポイントに近づけなければいけません。(**図8-33**)。

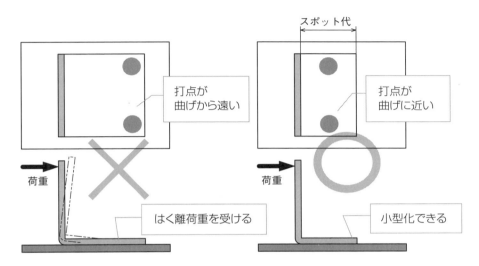

図8-33 スポット溶接の打点位置と強度の関係

φ(@°▽°@)　メモメモ

スポット溶接記号

　スポット溶接する場所を打点といい、図面作成時には、打点の位置に溶接記号の矢を示します。JISによるスポット溶接の記号が変更されていますので、新旧の記号の違いを知っておきましょう。

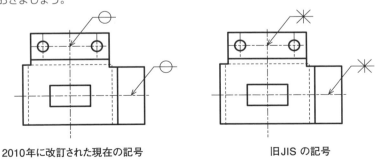

第8章　板金プレス品の基本形状要素〜曲げ、位置決め、接合の形状設計〜

②スポット溶接代の確保

　適切な強度でスポット溶接するためには、必要なスポット代が決まっています。一般的な溶接チップ（電極）の先端径は5mmです。板厚が1mm程度の薄板の場合、スポット代Wは平板で最低10mm以上、曲げ板では最低12mm以上必要となります。
　また、板厚が厚くなるほど直径の大きなチップを使うために、より広いスポット代を要しますので注意してください（**図8-34**）。

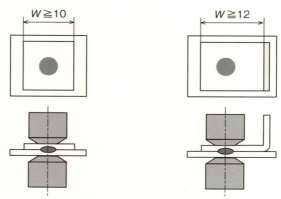

図8-34 必要なスポット代のサイズ

③スポット溶接の打点位置

　はく離強度を上げるために、打点（スポット溶接するポイント）を増やしたい場合、打点間距離Lが近すぎると隣り合うナゲットに電流が逃げ、溶接強度が下がります。そのため、打点間距離Lは20mm以上を確保するようにします（**図8-35**）。

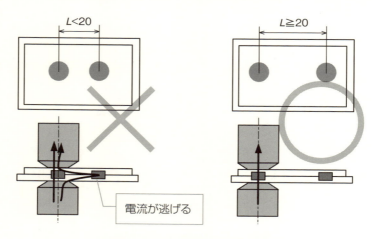

図8-35 スポット溶接の打点間距離

④スポット溶接の作業性を考慮した部品形状

　小さな部品はスポット溶接の作業性が悪くなります。部品サイズは大きくなってしまいますが、溶接の作業性を向上させるために一体化することも検討しなければいけません（図8-36）。

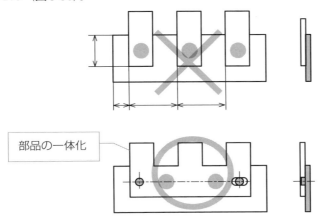

図8-36 部品の一体化によるスポット溶接の作業性向上

　スポット溶接は、溶接時にチップの侵入をふさがない構造となるよう板金の形状を設計しなければいけません。
　クランクチップという曲がった電極も存在しますが、十分な加圧を行うことができず、溶接強度が低くなる場合があります。このような場合は、ストレートチップが挿入できるよう、板金に抜き穴を設ける形状も検討しなければいけません（図8-37）。

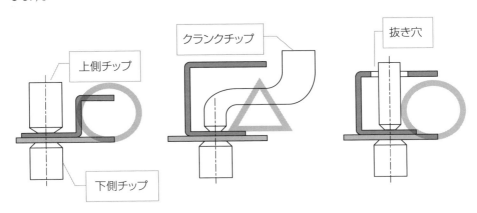

図8-37 スポット溶接のチップ構造

⑤ 3枚以上をスポット溶接する際の部品形状

3枚以上の板を同時に溶接すると溶接強度を保証できなくなるため、必ず2枚ずつ溶接できるような工夫が必要です。

3枚以上重なった板をスポット溶接する場合は、2枚ずつ溶接できるように外側の板に抜き穴を設計します（**図8-38**、**表8-2**）。

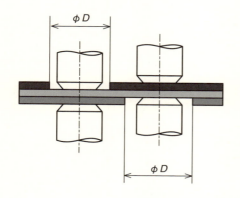

表8-2 チップを逃がす抜き穴

板厚	抜き穴の直径 φD
0.5～1.0	φ12 以上
1.2～1.6	φ14 以上
2.0～2.3	φ16 以上
2.5～3.2	φ18 以上

※上記の値は目安です。
詳細は製造側に確認してください。

図8-38 3枚以上のスポット溶接の構造例

⑥ スポット溶接する材質の相性

2枚の板をスポット溶接する場合、2枚の板の材質の相性があります。

一般的な強度を保証するための目安を示します（**表8-3**）。

表8-3 スポット溶接する材質の相性

	SPCC	SPCC+亜鉛めっき	SECC	ステンレス鋼板	アルミ合金鋼板
SPCC（冷間圧延鋼板）	◎	×	○	○	×
SPCC+亜鉛めっき	×	△	△	○	×
SECC（めっき鋼板）	○	△	○	○	×
ステンレス鋼板	○	○	○	◎	×
アルミ合金鋼板	×	×	×	×	○

※条件によって相性は変化しますので製造側に確認してください

⑦板金によるラーメン構造の構築

板金を曲げただけでは、強度や剛性不足になることがあります。

このような場合は、2つの板金をスポット溶接によって接合することで剛性の高いラーメン構造にすることができます（**図8-39**）。

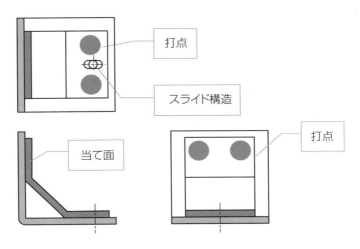

図8-39 スポット溶接を利用した剛性を上げるためのラーメン構造例

φ(@°▽°@) メモメモ

ラーメン構造とトラス構造

ラーメン構造とは、ジョイントを溶接することで回転できないよう構成した骨組み構造です。剛体となることで曲げモーメントに抵抗する作用によって外力に抵抗します。ラーメン構造は、曲げモーメントによって強度を保ち、大きな開口部を得られることが特徴です。

トラス構造とは、すべてのジョイントが自由に回転できる回転対偶で連結した骨組み構造です。ジョイントは回転できますがモーメントが伝達されないため、圧縮応力や引っ張り応力のような内力が働くことで外力に抵抗します。トラス構造は、曲げモーメントが発生せず引張りと圧縮の力だけで強度を保てますが、大きな開口部を得にくいことが特徴です。

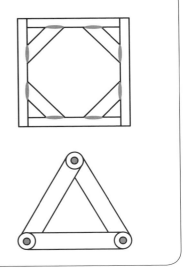

2）隅肉溶接

比較的厚めの板の接合において、スポット溶接では強度を保証できない場合は、隅肉溶接を使うこともできます。

このとき、溶接トーチ（溶接機先端のノズル部）が入るスペースがなければ溶接することができません（**図8-40**）。

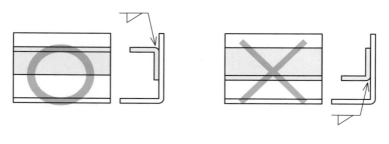

a）溶接トーチが入る　　　　　　　b）溶接トーチが入らない

図8-40　溶接トーチの作業性を考慮した設計

図8-40 b)の構造で隅肉溶接をしたい場合、抜き穴を利用すれば溶接することが可能となります（**図8-41**）。

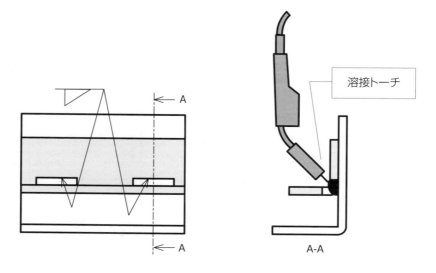

図8-41　抜き穴を利用して溶接トーチを使えるようにした構造例

3) リベット接合

ねじと比較して、ゆるむ恐れがないというメリットと、分解できないというデメリットを持つリベットも接合に利用されます。片側からしか作業ができない場合、2つの部品を互いに締め付けることができるブラインドリベットがよく用いられます（図8-42）。

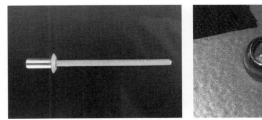

図8-42 ブラインドリベット

ブラインドリベットは、JISに規定されていません。ここでは、メーカカタログに記載されているリベット用穴のサイズについて紹介します（図8-43、表8-4）。

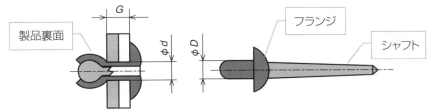

図8-43 ブラインドリベットのサイズ

表8-4 ブラインドリベット用穴のサイズ＜抜粋＞（メーカカタログより）

リベット径 D	2.4	3.2	4	4.8	6.4
接合する2枚の板厚 G	0.5-4.8	0.5-12.7	0.5-12.7	0.5-25.4	0.5-22.3
下穴径 d	2.5	3.3	4.1	4.9	6.5

設計のPoint of view…リベットの材質と母材の材質

リベットの素材は、一般的にアルミニウム製やステンレス製が使われます。リベット材質と異なる金属を接合する場合、電食に注意しなければいけません。電食とは、金属間の電位差によりイオン化傾向の強い金属から弱い金属に電子が移動し、電荷を失った金属原子がイオンとして溶液中に溶け出すことで金属が腐食する現象です。

特に、水分のかかる屋外でステンレス鋼材[貴（き）金属]をアルミニウムリベット[卑（ひ）金属]で接合すると電食によりアルミリベットが腐食し、破断する可能性がありますので注意してください。

第8章のまとめ

第8章で学んだこと
　板金部品は曲げることで、要求する機能を満足させる形状に設計できます。しかし、曲げや位置決め、接合するには加工上の制約があることがわかりました。

わかったこと
◆曲げの普通許容差は打ち抜きの普通許容差より大きい　(P194)
◆応力集中を受けない曲げ構造を考慮する　(P195)
◆曲げるとスプリングバックが生じる　(P198)
◆最低曲げ高さを考慮する　(P200)
◆曲げと切断面との間に逃がしが必要　(P201)
◆レーザースリットを使えば、逃がし溝をなくすことができる　(P202)
◆曲げに近い穴やねじは変形する　(P207)
◆曲げに近い穴やねじの変形防止に逃がし穴を利用する　(P208)
◆位置決めにはダボが利用できる　(P210)
◆ダボは端面による位置決めや隙間確保にも使える　(P211、P212)
◆位置決めに端部の差し込みや端面当ても利用できる　(P213)
◆スポット溶接は、せん断荷重に強く、はく離荷重に弱い　(P216)
◆スポット溶接は、3枚以上溶接しない工夫を施す　(P220)
◆板金にも隅肉溶接が使える　(P222)

次にやること
　設計に欠かせないものに機械要素があります。ばねや歯車、パイプの形状を設計する際の注意点を知りましょう。

第9章

その他部品の基本形状要素～ばねと歯車、パイプの形状設計～

削り部分や板金部品の形状設計のポイントはわかったけど、他にどんな部品に注意せなあかんの?

(ノ≧o≦)ノ ┤・∵。

設計構造で用いられるその他の形状で、形状自由度の高いコイルばねに加えて、歯車やパイプの形状設計時の注意点を習得しましょう。

(*￣∀￣)"b" チッチッチッ

9-1	コイルばねの形状設計
9-2	歯車の形状設計
9-3	パイプ形状部品の形状設計

第9章 1 コイルばねの形状設計

1）金属ばねの分類

金属ばねは、その形状から下記のように分類できます（**図9-1**）。

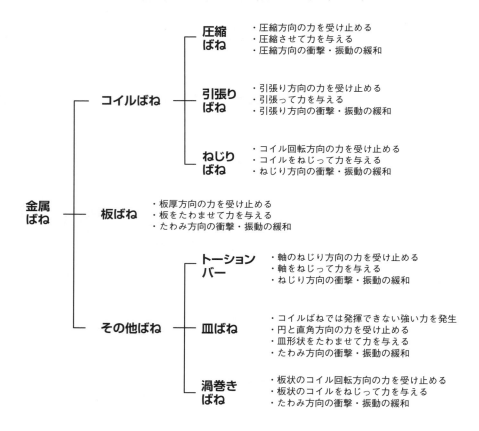

図9-1 形状で層別した金属ばねの分類

ばね使った機構を設計する場合、ばねを取り付けるスペースが極端に少ない場合を除いて、コイルばねをどのようにレイアウトできるかからコイルばねやその周辺の形状を検討します。

2）コイルばねの特徴

　コイルばねは、低価格でコンパクトというメリットに加えて、フック部や座巻き部を除いて均等な応力がかかるため板ばねに比べて材料の利用効率が高いことが特徴です。

　素線は角形断面の方が材料効率は良いのですが、円形断面の方が材料入手性と加工性に富むため丸線が標準として使用されます。また、軽量化を目的とする場合、中空円形ばねを選択することもできます（**図9-2**）。

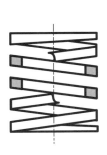

a) 角形断面

b) 角ばね

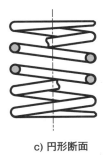

c) 円形断面

d) 丸線ばね　　　　e) 中空円形ばね

図9-2 ばねの素線の断面形状の種類

コイルばねに使う丸線は、一般的にピアノ線を使います。
ピアノ線の種類とサイズは、JIS G 3522に規定されています（**表9-1、表9-2**）。
下記の"ピアノ線A種"または"ピアノ線B種"は、一般的な機械装置のばねに使用します。"ピアノ線V種"は、自動車のエンジンバルブのように動作回数が大変多いばねに使います。

表9-1 JIS が規定するピアノ線の種類と適用線径サイズ

種類	記号	適用線径	摘要
ピアノ線A 種	SWP-A	0.08mm 以上 10.0mm 以下	主として動的荷重を受けるばね用
ピアノ線B 種	SWP-B	0.08mm 以上 8.00mm 以下	
ピアノ線V 種[*1]	SWP-V	1.00mm 以上 6.00mm 以下	弁ばねまたはこれに準じるばね用

*1）現在では、弁ばね用シリコンクロム鋼オイルテンパー線(SWOSC-V)が多く使用される。

表9-2 JIS が規定するピアノ線の標準線径サイズ

SWP-A SWP-B	0.08 0.09 0.10 0.12 0.14 0.16 0.18 0.20 0.23 0.26 0.29 0.32 0.35 0.40 0.45 0.50 0.55 0.60 0.65 0.70 0.80 0.90 1.00 1.20 1.40 1.60 1.80 2.00 2.30 2.60 2.90 3.20 3.50 4.00 4.50 5.00 5.50 6.00 6.50 7.00 8.00 9.00 10.0
SWP-V	1.00 1.20 1.40 1.60 1.80 2.00 2.30 2.60 2.90 3.20 3.50 4.00 4.50 5.00 5.50 6.00 6.50 7.00 8.00 9.00 10.0

ばねとしての機能ではなく、コイル形状だけを要求する場合、ピアノ線よりも安価な硬鋼線を使うことができます。
硬鋼線にはSW-A、SW-B、SW-Cの3種類がありますが、市場流通性からSW-Cを使うのが一般的といわれています。
硬鋼線のサイズはJIS G 3521に規定されています（**表9-3**）。

表9-3 JIS が規定する硬鋼線の標準線径サイズ

SW-C	0.08 0.09 0.10 0.12 0.14 0.16 0.18 0.20 0.23 0.26 0.29 0.32 0.35 0.40 0.45 0.50 0.55 0.60 0.65 0.70 0.80 0.90 1.00 1.20 1.40 1.60 1.80 2.00 2.30 2.60 2.90 3.20 3.50 4.00 4.50 5.00 5.50 6.00 6.50 7.00 8.00 9.00 10.0 11.0 12.0 13.0

3）圧縮ばねの形状

　圧縮ばねとは、素材の線をらせん状に巻き、ばねを圧縮する方向に力を作用させて使用するもので、製作費が安価という特徴があります（**図9-3**）。

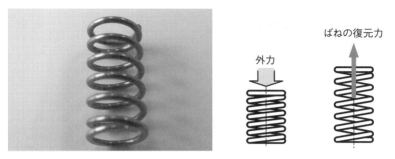

図9-3 圧縮ばねの形状とばねの復元方向

①圧縮ばねの使い方

　圧縮ばねをリンク機構に使用する場合、軸に挿入してスライド機構に使うことでコンパクトな設計にでき、不測の事態でばねが密着状態になってもストッパの役目を果たすという特徴があります。（**図9-4**）。

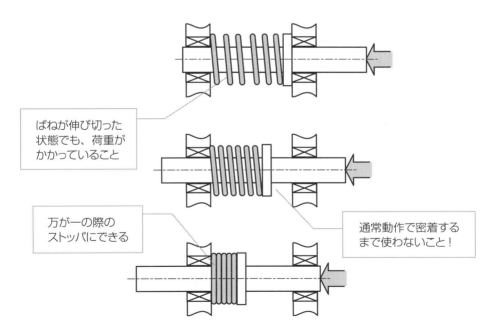

図9-4 圧縮ばねを使ったスライド機構

圧縮ばねの内径 ϕD_1 は、次式で計算できます（**図9-5**）。

ϕD_1（コイルばねの内径）＝ ϕD（コイルばねの基準円直径）－ ϕd（線径）

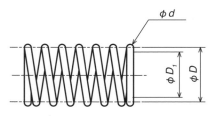

図9-5 圧縮ばねの内径

軸に貫通する圧縮ばねの内径 ϕD_1 は軸径に対して0.5～1mm程度大きくすればよいでしょう。しかし、そのまま軸に挿入すると、軸とばねの内径が接触するため、軸の摩耗や異音などの不具合につながる場合もあるので注意しなければいけません。

ばねの内径が軸径に対して大きい場合、軸の中心軸と圧縮ばねの中心軸が大きくずれて、偏芯荷重を受ける場合があります。このような場合は、軸側の部品にガイドを設けて、軸の中央にばねが配置されるようにします（**図9-6**）。

このガイド径は、ばねの内径に対して0.5～1mm程度小さく設計すればよいでしょう。

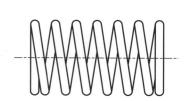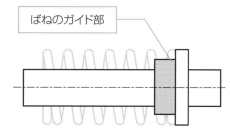

図9-6 圧縮ばねのガイド形状

φ(@°▽°@)　メモメモ

ばねの胴曲がり（座屈）

縦横比が大きくなると胴曲がり、あるいは座屈という現象が発生します。圧縮ばねの縦横比は、次式で与えられ、胴曲がりを防ぐには縦横比＝0.8～4の範囲となるよう設計します。

縦横比＝自由長／コイル径

ただし、胴曲がりするばねを使ってはいけないという制約はありません。

軸に圧縮ばねを挿入して使うことが一般的ですが、荷重をかける位置に注意して設計しなければいけません。

荷重をかける位置とばねが作用する位置が同一線上にあれば、機械効率は100％になりますので、動作不良の心配はほとんどありません。しかし、荷重位置と作用位置が異なると、機械効率が悪くなり引っかかりによる動作不良が生じやすくなります（図9-7）。

これは"アッベの原理"と同じ考え方をするものです。

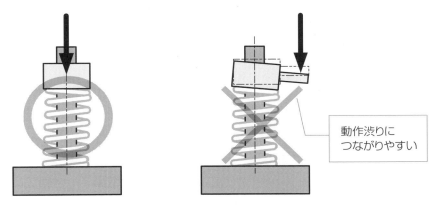

a) 荷重位置と作用位置が同じ　　　b) 荷重位置と作用位置が異なる

図9-7 圧縮ばねの荷重位置と作用位置

φ(@°▽°@)　メモメモ

アッベの原理

測定機器の世界で使われる言葉で、「測定精度を高めるために、測定対象物と測定器具の目盛を測定方向の同一線上に配置しなければいけない」という考え方です。この考え方を用いると、ノギスよりもマイクロメーターの方が、精度が高くなることが理解できます。

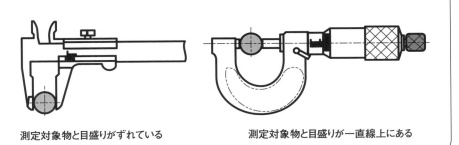

測定対象物と目盛りがずれている　　　測定対象物と目盛りが一直線上にある

圧縮ばねは、回転機構に使うこともできます。

この場合、ガイド軸を設けにくく、圧縮ばね自体に胴曲がりを生じるため、信頼性の高い装置にはお勧めできません（**図9-8**）。

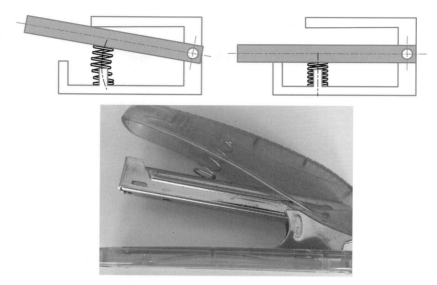

図9-8 回転機構に使った圧縮ばねの例

圧縮ばねの場合、コスト重視で簡易的な構造でも要求品質を満足できるのであれば、ガイド軸を用いずに圧縮ばね単独の剛性だけでストローク運動させることもできます。ただし、構造によっては剛性感がなくなる場合もあります（**図9-9**）。

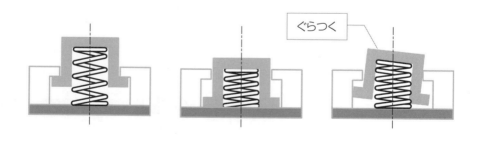

図9-9 ガイド軸のない圧縮ばねの使い方

②圧縮ばねの形状を工夫した使い方

圧縮ばねを固定する手段がない場合、ねじで取り付けができるピッグテールエンド形状が便利です。端末のみを「豚のシッポ」形状に、徐々に小さくなるよう巻きつけたもので、その部分を利用して、ねじで直接ばねを固定できることが特徴です。

ただし、反対側の端末は素線のエッジがむき出しになっているため、人が操作によって触れる部位に使う場合は、エッジに直接手が触れないよう安全性対策を施さなければいけません（図9-10）。

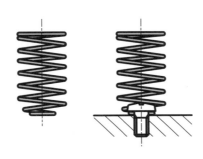

図9-10 ピッグテールエンド形状を利用した取り付け例

コイル形状はねじと同じくリードがあります。つまり、1回転当たりの進み角を持っていますので、コイルを1回転させることで商品を送り出す機構にも使うことができます。

コイル形状は、商品送り出し用として利用でき、パンなどの自販機に採用されています。送り機構の場合、ばねとしての機能や耐久性が不要なことから、コストを優先してピアノ線（SWPA）より耐久性の劣る硬鋼線材（SW-C）などが用いられます（図9-11）。

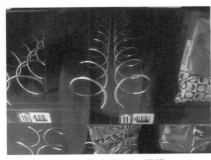
a) 菓子パンの送り出し機構

b) 洗濯洗剤の送り出し機構

図9-11 コイル形状を活かした送り機構例

4）引張りばねの形状

　引張りばねとは、素材の線をらせん状に密着して巻いたコイルに引張り力を作用させて使用し、両端末にフックを持つものをいいます（図9-12）。

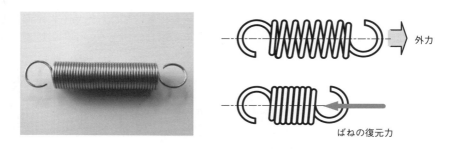

図9-12 引張りばねの形状とばねの復元方向

①引張りばねの使い方

　引張りばねをリンク機構に使用する場合、板金の回転リンク機構に使う場合が多いといえます。

　圧縮ばねに比べると、弾性限界を超えるような過荷重を受けやすく、破損や塑性変形した場合、直ちに機能を失い被害が大きくなる可能性があります。人命にかかわるような重要な機構に採用するには不向きといえます。（図9-13）。

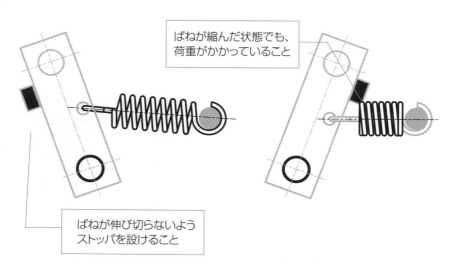

図9-13 引張りばねを使った回転機構例

引張りばねは、スライド機構にも使うことができます。

引張りばねを用いたスライド機構で注意しなければいけないのが、機械効率です。荷重方向（位置）と作用方向（位置）が一致していれば、機械効率は100％になりますので、動作不良の心配はほとんどありません。しかし、荷重方向と作用方向が異なると、機械効率が悪くなり引っかかりによる動作不良が生じやすくなります（図9-14）。

これもアッベの原理を知っていれば、設計に応用できるテクニックです。

a) 荷重位置と作用位置が同じ

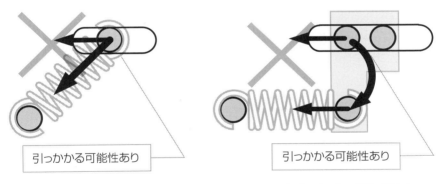

b) 荷重方向と作用方向が異なる　　c) 荷重位置と作用位置が異なる

図9-14 引張りばねを使ったスライド機構例

②引張りばねのフック形状

　引張りばねは、良くも悪くもフックを持っていることが特徴です。

　例えば、要求する荷重を計算してばねを決めたのはよいのですが、構造的に引っ掛ける部分が遠い場合があります。このまま、無理に引っ掛けるとばねの許容できる伸び代を超えてしまい、ばねが伸び切ってしまいます。かといって、長さを合わせるために巻き数を増やすと、荷重が弱くなりすぎて使い物になりません。

　このような場合は、フックだけを伸ばせばよいのです（**図9-15**）。

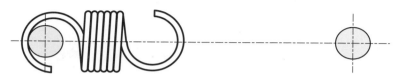

a) フックをかける場所が離れている

b) ばねが塑性変形して伸びきってしまう

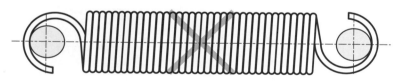

c) 巻き数を増やすと荷重が小さくなりすぎる

d) 巻き数を変えずにフックだけを伸ばす

図9-15 引張りばねのフックの形状例

フックの形状は、簡単な形状とし、フック径は特に理由がない限りコイル径と同一にします。代表的な引張りばねの形状と特徴を示します（図9-16, 表9-4）。
引張りばねのフック形状は、JIS B 2704に規定されています。

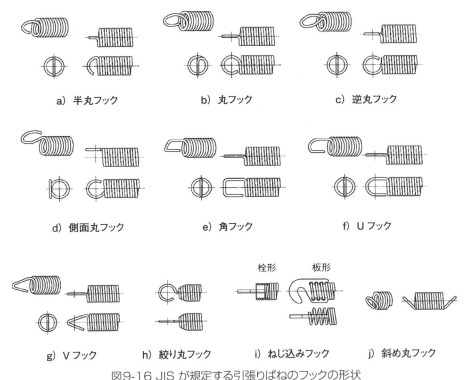

図9-16 JISが規定する引張りばねのフックの形状

表9-4 代表的な引張りばねのフックの特徴

フック形状	特徴
半丸フック	取り付けスペース上、自由長さを短くしたい場合に有効です。
丸フック	一般的な形状で、ばね指数が小さい場合、立ち上がり部の応力集中を避けることができます。
逆丸フック	コイル中心から引っ張る形になるため荷重の安定性に優れ、自動化機械による成形に適し、大量生産に向いています。ばね指数が小さい場合、曲げ部に応力集中が発生します。
Uフック・角フック	加工が比較的難しいという欠点があります。
Vフック	荷重の偏心を防ぎ、支持点を安定させる目的に使用されます。

設計のPoint of view…コイル形状の固定観念を変える

　フックだけに限らず、コイルの一部を直線的に伸ばすことで、干渉を回避することもできます。
　固定観念にとらわれず、柔軟な形状作成思考を持ちましょう（**図9-17**）。

図9-17 コイル部を変形させた形状例

③ばねの巻数とフックの向きの関係

引張りばねの設計において、フックの向きを巻き数で指定することができます。巻数が整数倍の場合、フックの向きは同一となり、0.5巻きや0.25（0.75）巻きでは下図のように逆向きになったり、直角方向になったりします（図9-18）。

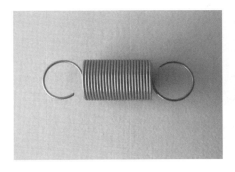
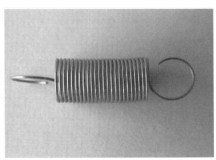

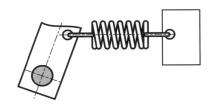
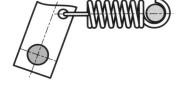

a) 巻き数を0.5巻き単位とした逆向きの平行フック

b) 巻き数を0.25（0.75）巻き単位とした直角フック

図9-18 引張りばねの巻き数とフックの向き

④引張りばねを引っ掛ける部品の形状

　引張りばねは板金と併用することが多く、フックの取付けは、板金に引っ掛ける構造が多くなります。

　引張りばねのフックを引っ掛ける部分は、振動や衝撃による外れ防止を目的とするのか、組立性を優先するのかで形状を使い分けます（**表9-5、図9-19**）。

表9-5　引張りばねのフックを掛ける相手形状の比較

引っ掛け部が"Uカット"の場合	引っ掛け部が"丸穴"の場合
・引張りばねを組み付けやすい ・フックの形状を問わず組みやすい ・大きな振動があると外れる恐れがある ・ユーザーの触れる場所では、不注意によってばねが外れる恐れがある	・引張りばねを組み付けにくい ・フックの先端に隙間がないと取り付けられない ・大きな振動でも外れにくい ・ユーザーの触れる場所でも外れにくい

図9-19　引張りばねのフックの取り付け例

⑤引張りばねのフックにかかる応力

引張りばねの不具合のほとんどがフック部で発生するといっても過言ではありません。

引張りばねのフック部は、曲げ応力とねじり応力の両方を受けます。したがって、耐久面ではフックが破損するのです（**図9-20**）。

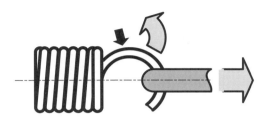

a) 曲げ応力を受ける場所

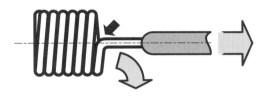

b) ねじり応力を受ける場所

c) 解析モデル　　提供：「あなたの機械設計ココがたりない！」の和田肇氏より

図9-20 引張りばねのフックが受ける応力

引張りばねの弱点がフックであることがわかったと思います。

しかし、構造上、どうしても引張りばねで大きな荷重を受けなければいけない場合、フックをなくせばよいのです（**図9-21**）。

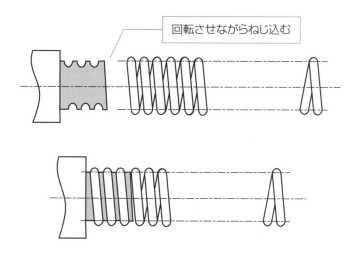

図9-21 引張りばねのフックをなくした取り付け構造

設計のPoint of view…視点を変える

引張りばねではなく圧縮ばねを使って、引張りばねと同じような動作を得る構造とすることも可能で、より信頼性の高い構造を設計することができます（**図9-22**）。

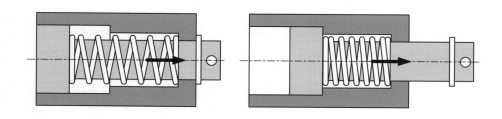

図9-22 圧縮ばねを引張りばねのように使う構造例

⑥その他の引張りばねの使い方

　引張りばねは、直線形状のまま使うことがほとんどですが、プーリーを介して滑車に巻き付けた使い方もできます（**図9-23**）。

図9-23 引張りばねを曲げて使う構造例

　この場合、引張りばねの強度計算式には当てはまらず、条件として悪くなります。
　したがって、大きくストローク動作する場合は、発生荷重を小さくし、プーリー径をできる限り大きくしなければいけません。
　ストローク動作する機構ではなく、静荷重を与える構造に適しているといえます。

5) ねじりばねの形状

ねじりばねとは、コイルばねの中心線に対して、回転方向の力を作用させて使用するものをいいます（**図9-24**）。

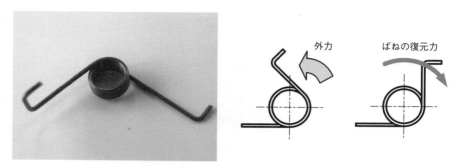

図9-24 ねじりばねの形状とばねの復元方向

①ねじりばねの使い方

ねじりばねをリンク機構に使用する場合、板金の回転リンク機構に使う場合が多いといえます（**図9-25**）。

ねじりばねは、主に回転リンク機構の支点部にレイアウトできるため、周辺部品の設計自由度が大きくなり、省スペース化に貢献するというメリットがあります。

しかし、リンクの支点に近い部分に力点があるため、機構系に大きなトルクを発生させにくいというデメリットがあります。

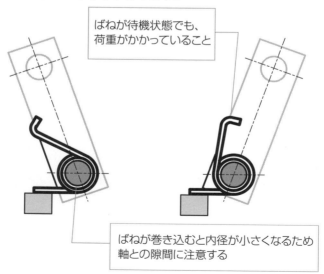

図9-25 ねじりばねを使った回転機構例

ねじりばねを用いたスライド機構で注意しなければいけないのが、荷重と機械効率です。

　ねじりばねは、回転モーメントの力を利用するため、圧縮ばねや引張りばねの比べて大きな荷重を発生しづらいことです。

　それに加えて、荷重方向と作用方向が異なると、機械効率が悪くなり、さらに動作不良を生じやすくなります（**図9-26**）。

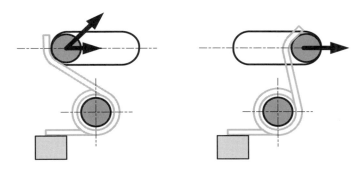

図9-26 ねじりばねを使ったスライド機構例

②ねじりばねの腕の形状

　腕の形状は、必要に応じて様々な形に設計が可能です。

　腕の先端を曲げることで、組立作業者の安全性確保や脱落防止に役立ちます。（**図9-27**）。

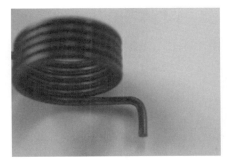

a）1段曲げ

b）フック

図9-27 一般的な腕の曲げ形状例

ねじりばねの腕の形状には様々な種類があり、スペースや組立性を考慮して腕の形状を選択します。
　ねじりばねの腕の形状は、JIS B 2704に規定されています（図9-28）。

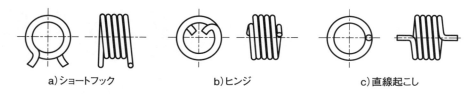

a) ショートフック　　　b) ヒンジ　　　c) 直線起こし

i) ねじりばねの腕の短い形状

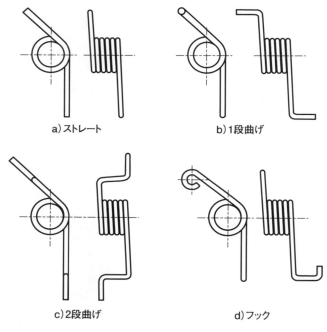

a) ストレート　　　b) 1段曲げ

c) 2段曲げ　　　d) フック

ii) ねじりばねの腕の長い形状

図9-28 JISが規定するねじりばねの腕の形状

これらの腕の形状は、あくまでも基本形状ですので、製品の構造に合わせて、自由に設計することができます（**図9-29**）。

図9-29 ねじりばねの腕の形状例

腕を曲げるときは、できるだけ大きな内R形状をつけます。一般的に線径よりも大きな半径とすることが望ましいとされています。

　折り返しのあるフック形状の場合、線材の隙間は、線径の2倍以上を開けるようにします。また、フック形状は、コの字形でもU字形でもコストに影響がありませんので、必要に応じて最適な形状を選択してください（**図9-30**）。

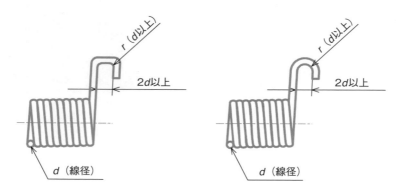

図9-30 フックの曲げ条件

　しかし、腕の形状がばねの寿命を左右したり、コストアップの原因となったりしかねないので、複雑な腕の形状の場合は、引張り応力の低い材料（SWP-BよりSWP-Aの方が引張り応力は低い）を選択して加工性をよくするか、ばね専門メーカーと相談することをお勧めします。

③密着巻きの影響

ねじりばねは、加工の容易性から一般的に密着巻きで製作されます。しかし、密着による摩擦抵抗によりトルクの誤差を生じやすいという欠点があります。より正確なトルクを要求する場合は、ピッチ巻きを選択します（図9-31）。

a) 密着巻き　　　　　　　　b) ピッチ巻き

図9-31 ねじりばねの巻きの種類

設計のPoint of view…塗装を必要とするねじりばねの注意点

塗装が必要なねじりばねを設計する場合、圧縮ばねのようなピッチ巻きを指示しなければいけません。なぜならば、密着巻きの場合、塗装が密着部に入り込まず、錆が発生するからです。ねじりばねのコイル部に錆が発生すると、コイル部が固着し、コイル部と腕のつけ根の部分で疲れ破壊に至ります(図9-32)。

図9-32 ねじりばねのピッチ巻きの使用例

第9章 2 歯車の形状設計

1）歯車の役割

歯車とは、次々にかみ合う歯によって、動力を伝達する機械要素と定義されます。歯車の役割には、次のようなものがあります。

・回転を伝える（回転運動→回転運動、回転運動→直線運動など）
・向きを変える（回転方向、軸の向き）
・回転速度（速比）を変える
・トルク（回転力）を伝達する
・トルク（回転力）を加減する
・非可逆特性を利用し、ロックする

歯車はその形状、用途、材質その他いろいろな種類に分けられますが、軸によって歯車を分類すると次の３つに分類できます。（**表9-6**）。

表9-6 軸の向きによる歯車の分類

二軸が互いに平行である歯車	二軸が一点で交わる歯車	二軸が食い違っていて、平行でもなければ交わりもしない歯車
平歯車・はすば歯車・内歯車など	すぐばかさ歯車・曲がり歯かさ歯車など	ねじ歯車・ウォームギヤ・ハイポイドギヤ・ラックなど

2）ボス形状の設計

　一般的に歯車は、加工の容易性から歯車単体で歯切り加工し、後から軸に挿入する構造になることが多いといえます。

　そのため、第2章6項で学習したキー溝や第3章4項で学習した軸直角の穴やねじを利用したり、圧入したりして、軸に固定することが多いといえます。

　そのため、スペースに余裕がある場合は、ボスを付けた形状の歯車を設計することで、次の2点のメリットが生まれます（**図9-33**）。

・はめあい長さを確保できるため、軸と歯面の平行度が出やすい
・歯面に穴を開けるなどの形状を作らなくて済む

　ボスとは、一般的に円筒の突起形状を指すことが多く、四角い形状でも飛び出している部分をボスと呼ぶ場合もあります。

図9-33 ボスのある歯車形状例

　歯車を軸に圧入する場合は、必ずしもボスを作る必要はありませんが、伝達できるトルクを計算で求めなければいけません（**図9-34**）。

図9-34 軸に圧入した歯車の例

歯車形状の特徴は、なんといっても凹凸形状の歯を持つことです。

歯の外径を"歯先円"といい、歯の谷の径を"歯底円"といいます。

歯車にボス形状を付けるとき、ボスの外径は歯底円の直径より小さく設計することが一般的です。逆に、内歯車の場合は、歯底円の直径よりボス穴の内径を大きく設計します。(図9-35)。

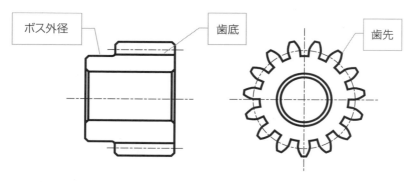

a) はすば歯車とボス径の関係

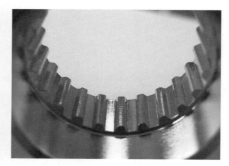

b) 内歯車と穴のボス径の関係

図9-35 歯底円とボス径の関係

ボスの外径や軸の外径を歯底円より細くしてしまうと強度を保証できない場合もあります。その際、次の3つの手段が考えられます。

①ピニオンカッター加工を選択し、刃の逃がし溝を設けてボスや軸を太くする

歯を加工する場合、回転運動によって歯切りできることで加工効率が上がるため、ホブという円筒形状の刃物で歯切り加工することが一般的です。

しかし、ホブを使うと隣り合うボスや歯車を削ってしまうというデメリットがあるため、ピニオンカッターを使うこともできます。その際の条件として、隣り合うボスや歯車との間に、3〜4mm以上の刃の逃がし溝を設けなければいけないことです（図9-36）。

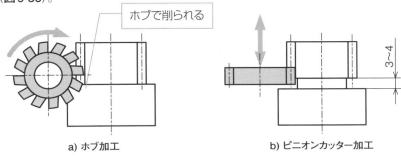

a) ホブ加工　　　　　　　　b) ピニオンカッター加工

図9-36 ホブとピニオンカッターの違い

②ホブ加工を選択し、カッターRを許容してボスや軸を太くする

①項で解説したように、ホブを使うと隣り合う形状を削ってしまう場合があります。

歯底円より太いボス部や軸部の場合は、ホブのカッターRの溝が残っても機能に影響を与えることがない場合もあります。カッターRを許容する場合は、図面に「カッターR可」と指示すればよいでしょう。ただし、カッターR部にオイルシールなどエッジに弱い要素が接触しない構造にしなければいけません（図9-37）。

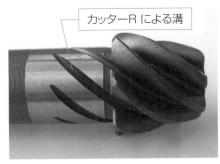 

a) かさ歯車ボス部のカッターR　　　b) スプライン軸部のカッターR

図9-37 歯切り加工時のカッターR

③形状を分割して圧入する

　①項のピニオンカッター加工を前提とした刃の逃がし溝を作ることができない場合、あるいは②項のホブによるカッターRが許容できない場合、部品を2つに分けて、圧入するしか手段はありません（**図9-38**）。

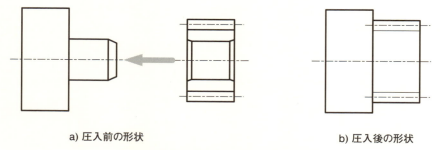

a) 圧入前の形状　　　　　　　　b) 圧入後の形状

図9-38　形状を分割して圧入する構造例

3）セクターギヤの採用

　歯車は、一般的に全円形状で設計することがほとんどです。
　しかし、歯車軸が回転ではなく、揺動（振り子運動すること）する場合、全円の歯車は必要ありません。
　このような場合、揺動に必要な部分にだけ歯があればよいので、セクターギヤ（扇形の歯車）を設計します。無駄なスペースをなくすことで小型化に貢献でき、歯切りの加工時間が減ることでコストダウンにもつながります（**図9-39**）。

使わない部分の歯をなくす

図9-39　セクターギヤの形状例

4）ハイポイドギヤやかさ歯車の歯飛び防止策

　ハイポイドギヤやかさ歯車は片持ちで噛み合う構造になります。このとき、どちらかの歯車から大きな衝撃荷重（システムが急停止するなど）が入力されると、歯飛びを起こし歯が折損する可能性があります。

　歯飛びの怖れがある場合は、剛性の弱い方の歯車の軸を延長して、両持ち構造にすることで剛性アップにつなげることができます（**図9-40**）。

歯飛びする可能性がある

　　a) 片持ち構造のハイポイドギヤ　　　　　　b) 両持ち構造のかさ歯車

図9-40 ハイポイドギヤやかさ歯車の剛性アップ策

| 第9章 | 3 | パイプ形状部品の形状設計 |

1）管やパイプの種類

パイプ形状部品は、水道管やガス管などに代表される配管材料と、構造物に使われるパイプ材があります。

代表的な管・パイプ材料に関するJIS規格は、次の通りです（表9-7）。

表9-7 配管に関するJIS規格

JIS G 3452	配管用炭素鋼鋼管（SGP）
JIS G 3442	水道用亜鉛メッキ鋼管（SGPW）
JIS G 3454	圧力配管用炭素鋼鋼管（STPG）
JIS G 3459	配管用ステンレス鋼鋼管（SUSTP）
JIS H 3300	銅及び銅合金継目無管（Cxxxx）
JIS G 3444	一般構造用炭素鋼鋼管（STK）

JIS G 3452に規定される配管用炭素鋼鋼管（SGP）のサイズを示します（表9-8）。

表9-8 JISが規定する配管用炭素鋼鋼管（SGP）のサイズ＜抜粋＞

呼び径（AまたはBを使う）		外径(mm)	厚さ(mm)
A	B		
6	1/8	10.5	2.0
8	1/4	13.8	2.3
10	3/8	17.3	2.3
15	1/2	21.7	2.8
20	3/4	27.2	2.8
25	1	34.0	3.2

JIS G 3459 に規定される配管用ステンレス鋼鋼管（SUSTP）の呼び厚さ5Sの
サイズを示します（**表9-9**）。

表9-9 JIS が規定する配管用ステンレス鋼鋼管(SUSTP)呼び厚さ5S のサイズ＜抜粋＞

呼び径（A またはB を使う）		外径(mm)	厚さ(mm)
A	B		
6	1/8	10.5	1.0
8	1/4	13.8	1.2
10	3/8	17.3	1.2
15	1/2	21.7	1.65
20	3/4	27.2	1.65
25	1	34.0	1.65

JIS H 3300 に規定される銅及び銅合金継目無管の肉厚L タイプのサイズを示し
ます（**表9-10**）。

表9-10 JIS が規定する銅及び銅合金継目無管の肉厚L タイプのサイズ＜抜粋＞

呼び径（A またはB を使う）		外径(mm)	厚さ(mm)
A	B		
8	1/4	9.52	0.76
10	3/8	12.70	0.89
15	1/2	15.88	1.02
20	3/4	22.22	1.14
25	1	28.58	1.27

JIS G 3444 に規定される一般構造用炭素鋼管（STK）のサイズを示します（**表
9-11**）。

表9-11 JIS が規定する一般構造用炭素鋼管(STK)のサイズ＜抜粋＞

外径(mm)	厚さ(mm)
21.7	2.0
27.2	2.0 2.3
34.0	2.3
42.7	2.3 2.5
48.6	2.3 2.5 2.8 3.2
60.5	2.3 3.2 4.0

第9章　その他部品の基本形状要素〜ばねと歯車、パイプの形状設計〜

2) 管やパイプの曲げ

　管を設計する場合、曲げて使う場合があります。スペースを有効に使うため、曲げRを小さくしたいと考えるものですが、曲げRは大きければ大きいほど材料にかかるストレスは小さくなり加工も容易になります。

　最小曲げは、次の要素で変動するため一概に決めることができません。
　・管・パイプの材質
　・管・パイプの厚み（肉厚）
　・加工方法、加工機械

　薄肉のパイプの場合、「最小曲げ$R \geqq 1.5D$」といわれています。
　このときの管の曲げRは中心線の半径を指します。
　最小曲げRを確保できない場合は溶接するしか手段はありません（**図9-41**）。

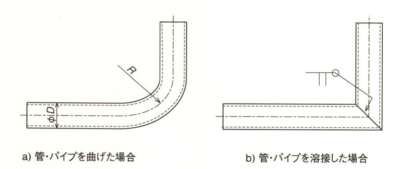

a) 管・パイプを曲げた場合　　　　b) 管・パイプを溶接した場合

図9-41 管・パイプの曲げ

　特に配管部品は、肉厚があるため、曲げることが難しい場合もあります。
　このような場合には、エルボという直角に曲がったジョイントを接続するという選択肢もあります（**図9-42**）。

図9-42 エルボとその接続例

3) 薄いパイプの溶接テクニック

　肉厚の薄いパイプを溶接する場合、相手部材との熱伝導の差によって、溶接時にパイプが溶けてしまう場合があります。

　相対する溶接部材の厚みに大きな差がある場合は、溝を設けてパイプと相手部材の溶接部の厚みを疑似的に同じにすることで、良好な溶接を得られる場合があります（図9-43）。

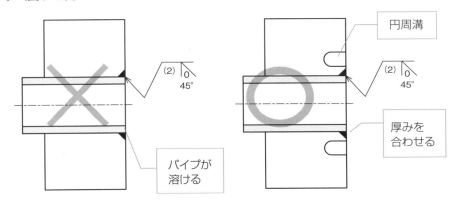

a) 溝なしの開先溶接　　　　　　b) 溝ありの開先溶接

図9-43 薄板パイプの溶接構造例

　ただし、製品の機能や材質、溶接条件によって、上記の施策が適切かどうかは判断が分かれる場合もあると思います。製造側との調整や加工実験などで、最適な形状を得るしか手段はありません。

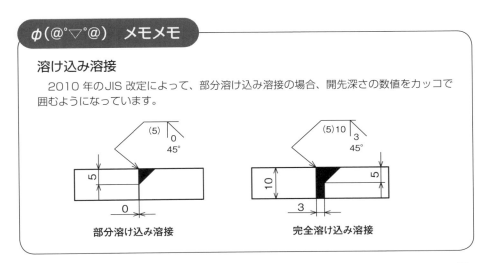

φ(@°▽°@)　メモメモ

溶け込み溶接

　2010年のJIS改定によって、部分溶け込み溶接の場合、開先深さの数値をカッコで囲むようになっています。

部分溶け込み溶接　　　　　　　完全溶け込み溶接

第9章のまとめ

第9章で学んだこと
　コイルばねを設計するには決まりごともありますが、比較的自由度の高い形状ができることを知りました。歯車は加工法を知ることで形状設計に役立つことを知りました。また、管やパイプの設計は曲げる際の注意点があることがわかりました。

わかったこと
◆コイルばねの素材形状は円形断面以外に角形断面もある（P227）
◆スライド構造の場合、荷重点と作用点の関係を考慮すること（P231）
◆圧縮ばねは、送り機構としても使うことができる（P233）
◆引張りばねはフック形状の自由度が高い（P236）
◆引張りばねのフックを引っ掛ける形状には理由が必要（P240）
◆引張りばねの強度上の弱点はフック（P241）
◆引張りばねはコイル部を曲げて使うこともできる（P243）
◆ねじりばねの腕は曲げることで安全性が高まる（P245）
◆ねじりばねは腕形状の自由度が高い（P246）
◆ねじりばねの腕の内 R は線径以上で設計する（P248）
◆ねじりばねはピッチ巻きにすると正確なトルクを得やすい（P249）
◆歯底円直径とボス直径の関係を意識して形状を作る（P252）
◆ホブ加工とピニオンカッター加工の特徴を知って形状を設計する（P253）
◆管・パイプの最小曲げは約 $1.5D$（P258）

次にやること
　これまでに円筒軸や角材、板金、ばねや歯車、管の形状を設計する際のよりどころや設計上の注意点、加工上の制約などを勉強してきました。本書で説明したものは、あくまでも一般論であり、条件的に緩いものもあれば厳しいものもあるはずです。

　形状設計には材料の知識と加工の知識が欠かせません。
　最終的に自身が作り上げた形状を図面化して設計意図を正確に表現できるスキルも合わせて磨いて下さい！

無駄のない部品形状は"美しくセクシー！"である

3次元CADの普及で、目的とする形状を意識せず成り行きで部品形状をモデリングしていませんか？(ノ∀＼*)

ポンチ絵を描いて構造や形状をイメージし、無駄のない形状に仕上げることで、自然とコストや品質は最適化されると考えます。

身の回りにある完成しつくされた部品の一つに自動車の内燃機関（エンジン）部品があります。大量生産に加え、銭単位のコストダウンから無駄という無駄を省き、ロット数万個という大量生産でもばらつきが少なく安定した品質を備える部品の形状は、まさに機能美そのものです(*´Д`)

将来のエンジニアに求められる要件は、目先の利益にとらわれず俯瞰して製品開発を見る力です。

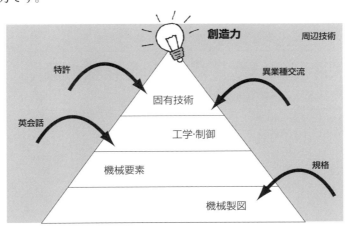

機械エンジニアの要件

決して視野の狭いエンジニアとならず、常に自分自身の技術力を高めるための基礎力と応用テクニックを身につけてください。

それでは、読者の皆さんがすばらしいエンジニアになるように魔法をかけてご挨拶に代えさせていただきます。

(･Д･)ノ＝☆ﾊｧｯ〜〜Σ◆＞＞＞:.,｡ ★ﾟ･:,｡ﾟ ﾟ･:,｡ ☆　　　　　　　　　　　　　著者より

【参考文献】ジェイテクト社(koyo ベアリング)カタログ／ミスミ社 Cナビ 技術情報／大洋精工社(ブラインドリベット)カタログ

● 著者紹介

山田 学（やまだ まなぶ）

S38年生まれ、兵庫県出身。ラブノーツ 代表取締役。
著書として、『図面って、どない描くねん！ 第2版』、『図面って、どない描くねん！ LEVEL2 第2版』、『設計の英語って、どない使うねん！』、『めっちゃ使える！ 機械便利帳』、『図解力・製図力 おちゃのこさいさい』、『めっちゃ、メカメカ！ リンク機構99→∞』、『メカ基礎バイブル〈読んで調べる！〉設計製図リストブック』、『図面って、どない描くねん！ Plus ＋』、『図面って、どない読むねん！ LEVEL00』、『めっちゃ、メカメカ！2 ばねの設計と計算の作法』、『最大実体公差』、『設計センスを磨く空間認識力"モチアゲ"』、『図面って、どない描くねん！バイリンガル』、共著として『CADって、どない使うねん！』（山田学・一色桂 著）、『設計検討って、どないすんねん！』（山田学 編著）などがある。

めっちゃ、メカメカ！ 基本要素形状の設計
カタチを決めるには理屈がいるねん！

NDC 531.9

| 2018年4月27日 | 初版1刷発行 |
| 2024年3月29日 | 初版8刷発行 |

　　　　　　　Ⓒ著　者　山田　学
　　　　　　　　発行者　井水 治博
　　　　　　　　発行所　日刊工業新聞社
　　　　　　　　　　　　東京都中央区日本橋小網町14番1号
　　　　　　　　　　　　（郵便番号103-8548）
　　　　　　　　書籍編集部　電話03-5644-7490
　　　　　　　　販売・管理部　電話03-5644-7403
　　　　　　　　　　　　　　　FAX03-5644-7400
　　　　　　　　URL　　https://pub.nikkan.co.jp/
　　　　　　　　e-mail　info_shuppan@nikkan.tech
　　　　　　　　振替口座　00190-2-186076
　　　　　　　　本文デザイン・DTP――志岐デザイン事務所（矢野貴文）
　　　　　　　　本文イラスト――小島サエキチ
　　　　　　　　印刷――新日本印刷

定価はカバーに表示してあります
落丁・乱丁本はお取り替えいたします。
2018 Printed in Japan
ISBN 978-4-526-07841-5　C3053

本書の無断複写は、著作権法上の例外を除き、禁じられています。